PSpice für Windows

Von Dipl.-Ing. (FH) Harun Duyan, München,
Dipl.-Ing. (FH) Guido Hahnloser, Esslingen,
und Dipl.-Ing. (FH) Dirk H. Traeger, Stuttgart

2., vollständig aktualisierte und erweiterte Auflage

D1719910

品 B. G. Teubner Stuttgart 1996

Die Deutsche Bibliothek – CIP-Einheitsaufnahme

Duyan, Harun:
PSpice für Windows / von Harun Duyan, Guido Hahnloser und Dirk H. Traeger. – 2., vollst. aktualisierte und erw. Aufl. –
Stuttgart : Teubner, 1996)
   (Teubner-Studienskripten ; 146 : Software, Elektrotechnik)
   1. Aufl. u.d.T.: Duyan, Harun: Design-Center
   ISBN 3-519-10146-7
NE: Hahnloser, Guido:; Traeger, Dirk H.:; GT

© B. G. Teubner Stuttgart 1996
Printed in Germany
Gesamtherstellung: Druckhaus Beltz, Hemsbach/Bergstraße

Niemand ist weiter von der Wahrheit entfernt als derjenige, der alle Antworten weiß.

Chuang Tsu

Vorwort

Das Netzwerkanalyseprogramm PSpice ist seit vielen Jahren in der Industrie und an Hochschulen zur schnellen und effektiven Berechnung fast aller relevanten Größen in elektronischen Schaltungen geschätzt und verbreitet. In diesem Buch wird die Windows-Version von PSpice behandelt.

Der Konzeption dieses Buches lagen wie bei unseren früheren Werken *PSpice - Eine Einführung* und *Design Center* (beide ebenfalls bei B.G. Teubner erschienen) zwei Gedanken zugrunde:

Einem unerfahrenen Benutzer soll die Möglichkeit gegeben werden, sich ohne großen Zeitaufwand schnell in die wichtigsten Möglichkeiten von MicroSim PSpice einzuarbeiten; gleichsam "an der Hand genommen" wird er durch leicht verständliche Erklärungen geführt, unterstützt durch zahlreiche leicht nachvollziehbare Beispiele.

Dem erfahrenen Benutzer soll dieses Buch helfen, auf gesuchte Informationen schnell zuzugreifen und diese problemlos auszuwerten.

Dabei wurde auf die Darstellung des mathematisch-physikalischen Hintergrundes, der den Berechnungen und Modellen von PSpice zugrunde liegt, verzichtet; ebenso wurden nur diejenigen Befehle und Optionen behandelt, die zu einem praktischen Arbeiten nötig sind. Eine Beschreibung aller Möglichkeiten, die PSpice bietet, hätte den Rahmen dieses Buches bei weitem gesprengt. Der interessierte und erfahrene Leser sei hier auf die englischsprachigen Handbücher der MicroSim Corporation verwiesen oder auf "learning by doing", was beim Arbeiten am PC wohl immer noch die wirkungsvollste Lernmethode darstellt.

PSpice ist in der Lage, gute und filigrane Ausdrucke von Schaltplänen zu liefern. Bei den abgebildeten Schaltplänen handelt es sich jedoch um Kopien aus der Schematics-Benutzeroberfläche von PSpice, um genau das abbilden zu können, was der Benutzer auf dem Monitor sieht. Eine gewisse Qualitätseinbuße gegenüber gedruckten Plänen wurde dabei bewußt hingenommen.

Wir hoffen, auch mit diesem Buch dem Leser einen Schlüssel zum effektiven Arbeiten an die Hand gegeben zu haben.

Unser besonderer Dank gilt Herrn Santen von der Firma Hoschar in Karlsruhe, dem Distributor von PSpice in Deutschland, für die großzügige Unterstützung dieses Buchprojektes. Der interessierte Leser kann mit dem Vordruck am Ende des Buches die neueste und äußerst leistungsfähige Demoversion von dort kostenlos beziehen. Weiterhin möchten wir uns bei Herrn Dr. Schlembach vom Verlag B.G. Teubner für die überaus gute und produktive Zusammenarbeit bedanken sowie (im voraus) bei allen Lesern, die es uns durch Resonanz, Anregungen oder Kritik ermöglichen, die nächste Auflage noch ein bißchen besser zu gestalten.

Inhaltsverzeichnis

1 Einleitung

Bereits vor etlichen Jahren wurde an der Universität Berkeley in Kalifornien, USA, das Netzwerkanalyseprogramm *SPICE* (Simulation Program with Integrated Circuit Emphasis) zur Simulation und Berechnung elektronischer Schaltungen und Netzwerke entwickelt. Davon abgeleitet entstand *PSpice*, die Programmversion für den Personal Computer, die im Laufe der Jahre immer komfortabler und leistungsfähiger wurde. Die Verbreitung grafischer Benutzeroberflächen wie Microsoft Windows machte als weitere Entwicklung in den 90er Jahren die Anpassung an diese Oberflächen notwendig. Diese war einige Zeit lang als *Design Center* verbreitet, später wurden auch die klassische DOS-Version und die Version mit Zeileneditor als *Design Center* bezeichnet.

Mittlerweile bezeichnet MicroSim, der Entwickler und Hersteller des Programmes die Windows-Version des gesamten Programmpaketes als *MicroSim PSpice*, in den folgenden Kapiteln der Einfachheit halber nur als *PSpice* bezeichnet. Wo das klassische Programm zur reinen Berechnung elektronischer Schaltungen (also ohne grafische Benutzeroberfläche, CAD-Eingabe und Grafik-Prozessor) gemeint ist, wird darauf explizit hingewiesen.

Wie bei der alten DOS-Version existiert auch von der Windows-Version von *PSpice* eine äußerst leistungsfähige Demoversion, die frei kopiert werden darf. Diesem Buch liegt die Demoversion 6.2 zugrunde, die sich von der Vollversion nur durch einige inaktive Funktionen und begrenzte Rechenleistung unterscheidet. Die Möglichkeiten sind jedoch immer noch sehr vielseitig, Berechnung von Strömen und Spannungen beliebiger Bauelemente eines gegebenen Netzwerkes, Darstellung von Real- und Imaginärteil der komplexen Wechselstromrechnung und Dämpfungsverhalten sind nur einige der vielen

Möglichkeiten, die das Programm bietet. Auf spezielle Funktionen wie etwa Filtersynthese, Bode-Diagramm oder Fast Fourier Transformation kann im Rahmen dieses Buches leider nicht eingegangen werden. Eine CAD-ähnliche Eingabe des Schaltplanes und eine präsentationsfähige grafische Darstellung der Ergebnisse runden das Leistungsspektrum ab.

MicroSim PSpice gliedert sich in folgende Bausteine:

▸ *Schematics:* CAD-ähnliche Eingabe mit Bauteileditor

▸ *PSpice:* Berechnungsprogramm

▸ *Probe:* Grafische Darstellung der Berechnungsergebnisse

▸ *Parts:* Bauteilmodellierung für Halbleiter-Bauelemente

▸ *Stimulus Editor:* Signalmodellierung

▸ *Optimizer:* Schaltungsoptimierung

▸ *Polaris:* Leitungssimulation für gedruckte Schaltungen / im Platinenlayout

Schon nach vergleichsweise kurzer Einarbeitungszeit ist ein praktisches und effektives Arbeiten mit diesem Programmpaket möglich. Im folgenden werden die einzelnen Kapitel durch zahlreiche Beispiele und Kurzzusammenfassungen ergänzt, um dem Leser einen schnellen Einstieg zu ermöglichen. Grundkenntnisse in Microsoft Windows werden bei den Beschreibungen vorausgesetzt. Parts, Stimulus Editor, Polaris und Optimizer werden in diesem Buch nicht erklärt - diese speziellen Fuktionen gehen meist über die üblichen Anforderungen hinaus und würden den Rahmen dieses Buches bei weitem sprengen.

Als minimale Systemkonfiguration der in diesem Buch behandelten Version von *MicroSim PSpice* werden

- CPU IBM 80386 oder höher
- bei CPU 80386 mathematischer Coprozessor 80387
- 8 MB erweiterter Arbeitsspeicher (mit Einschränkungen auch 4 MB möglich)
- Diskettenlaufwerk 3 1/2" 1,44 MB oder CD-ROM-Laufwerk
- Betriebssystem MS-DOS 3.0 oder höher
- Maus
- Microsoft Windows 3.1 oder höher (386 enhanced mode)
- Microsoft Win32s Version 1.25 oder höher (wenn Windows 3.1 oder 3.11 verwendet wird)
- Grafikkarte VGA oder höher

benötigt.

2 Installation

Die Demoversion von PSpice wird auf 3½"-Disketten mit 1,44 MByte oder CD-ROM geliefert. Die Dateien darauf sind "gepackt", d.h. es ist ein spezielles Installationsprogramm nötig, das mitgeliefert wird. Darüber hinaus benötigt PSpice zum korrekten Arbeiten das Programm Win32s, das die Konvertierung des 32-Bit-Formates von PSpice auf das kleinere Format von Windows 3.1 bzw. 3.11 vornimmt.

Die Installation von Win32s auf der Festplatte ist denkbar einfach:

Diskette Nr. 1 in das Diskettenlaufwerk oder CD in CD-ROM-Laufwerk einlegen. Im Programm-Manager von Windows das Menü *Datei* (in der Menüleiste oben) und daraus den Befehl *Ausführen* wählen. Im nun erscheinenden Dialogfenster *Ausführen* ist bei *Befehlszeile:* "A:\setup.exe" oder "B:\setup.exe" (je nach verwendetem Laufwerk) einzugeben und durch Anklicken von *OK* (einmaliges Klicken mit der linken Maustaste) zu bestätigen.

Vor der Installation ist unbedingt darauf zu achten, daß Applikationen und Fenster anderer Programme geschlossen und deren Daten gesichert sind, denn am Ende der Installation von Win32s wird Windows automatisch verlassen und neu gestartet, um Win32s zu laden.

Während der Installation wird der Benutzer über den Installationsfortgang und die verschiedenen Möglichkeiten informiert. Es empfiehlt sich, die vom Installationsprogramm vorgeschlagene Auswahl (Pfadzuweisungen etc.) zu bestätigen, da es die vorhandenen Verzeichnisse automatisch durchsucht und auf Möglichkeiten und Probleme hinweist. Die aktuelle Version von Win32s kann im allgemeinen problemlos trotz bestehender älterer Win32s-Versionen installiert werden, ältere Versionen werden im Normalfall vom Installationsprogramm erkannt und automatisch stillgelegt.

Die Installation von PSpice erfolgt in gleicher Weise wie die Installation von Win32s. Falls eine MSIM.INI-Datei von älteren PSpice- bzw. Design Center-Versionen bereits vorhanden ist, wird diese automatisch in MSIM.BAK umbenannt und somit stillgelegt. Eine separate Konfiguration für Monitor und Drucker, die noch bei den Design Center-Versionen nötig war, entfällt bei MicroSim PSpice.

3 Schematics

Dem Programm Schematics kommt eine zentrale Rolle zu. Es ersetzt die PSpice Control Shell älterer DOS-Versionen, verfügt aber zusätzlich über weit mehr Möglichkeiten. Konnte man früher nur die Netzliste eingeben und PSpice und Probe aus der Control Shell starten, so ist es mit Schematics möglich, einen Schaltplan zu zeichnen und eine Netzliste erstellen zu lassen. Danach kann man diese Schaltung mit dem PSpice-Modul berechnen und die Daten mit dem grafischen Postprozessor Probe auf dem Bildschirm darstellen. Es ist möglich, zwischen den verschiedenen Fenstern (oder Programmteilen) zu wechseln. Schematics bietet jedoch noch weitere Möglichkeiten. Da vermutlich eine Vielzahl der Leser dieses Buches mit der Demoversion (evaluation version) von MicroSim PSpice arbeiten, sei hier kurz auf die wichtigsten Beschränkungen eingegangen.

(1) Bei der Vollversion ist es möglich, Schaltpläne über mehrere Seiten zu zeichnen. Die Demoversion jedoch ist auf eine A-size Seite beschränkt (24,64 x 18,29 cm oder 9,7 x 7,2 inch). Es sind keine anderen Seitengrößen wählbar als A-size.

(2) Es können maximal 25 Bauteile auf der Seite benutzt werden.

(3) Die Schaltung darf maximal 64 Knoten besitzen und nur zehn aktive Bauteile (oder zwei Operationsverstärker) enthalten.

(4) Nur ein kleiner Teil der verfügbaren Modell- und Symbolbibliotheken wird mitgeliefert.

(5) Das Programm Parts, mit dem man eigene Modelle verschiedener Bauteile durch Nachbildung der Kennlinien erstellen kann, ist bei der Demoversion auf Diodenmodelle beschränkt.

Trotz dieser Beschränkungen ist die Demoversion durchaus zum praktischen Einsatz geeignet. Wie bei vielen Programmen, die mit der Zeit weiterentwickelt wurden, ist auch MicroSim PSpice abwärtskompatibel, d.h. es können auch Netzlisten älterer PSpice- und Design Center-Versionen berechnet oder schon berechnete Netzlisten mit Probe dargestellt werden (siehe hierzu auch Kapitel 4.7).

Im folgenden wird auf die verschiedenen Bereiche und Inhalte der Benutzeroberfläche eingegangen. In Abbildung 3-1 sind diese Buchstaben versehen, die sich in der Beschreibung wiederfinden.

Die Titelleiste (A) enthält zu Beginn folgende Informationen:

(1) *Schematics:* Name des laufenden Programmes.

(2) Ein Stern *"*"* zeigt an, daß die Schaltung seit der letzten vorgenommenen Änderung nicht gespeichert worden ist.

(3) *<new>*: Der Name der Schaltung, die gerade geladen und angezeigt wird. *New* zeigt an, daß die Schaltung noch keinen Namen hat bzw. noch nicht gespeichert wurde.

(4) *p.1* (page 1) zeigt die aktuelle Seite der geladenen Schaltung (bei der Demoversion immer 1) an.

Wird eine Schaltung simuliert (berechnet) und/oder verändert, so können der Titelleiste (A) weitere Informationen entnommen werden:

(5) *stale* zeigt an, daß die Schaltung seit der letzten Berechnung verändert wurde. Diese Meldung erscheint nur, wenn die Schaltung noch nie berechnet wurde.

(6) *current* zeigt an, daß die Schaltung seit der letzten Berechnung nicht verändert wurde. Diese Meldung erscheint nicht, wenn die Schaltung noch nie berechnet wurde.

(7) *simulation error* zeigt einen vorzeitigen Abbruch der Berechnung, bzw. das Auftauchen von Fehlern während des Berechnungsvorganges an.

Die Menüzeile (B) zeigt die verschiedenen Hauptmenüpunkte an, die in Schematics zur Verfügung stehen. Diese Menüpunkte können mit der Maus oder durch Drücken der Alt-Taste zusammen mit der Buchstabentaste, die bei den Menüpunkten unterstrichen erscheint, aktiviert werden (z.B. Alt- und F-Taste für den Menüpunkt File).

Wie bei Windows allgemein üblich, erscheint bei der Anwahl der Menüpunkte ein Pull-Down-Menü (C) mit den verschiedenen Unterpunkten. Zwischen den Hauptmenüpunkten kann man mit den Pfeiltasten → bzw. ← oder mit der Maus wählen.

Die Menüpunkte in den Pull-Down-Menüs erreicht man direkt (ohne Öffnen des Pull-Down-Menüs) mit der Tastenkombination, die hinter den Punkten angezeigt wird (z.B. Strg+S für Save), oder bei offenem Pull-Down-Menü mit den Pfeiltasten ↑ und ↓ bzw. durch Drücken der Buchstabentaste, die bei den Menüpunkten unterstrichen ist.

Unterhalb der Menüzeile (B) befindet sich die Symbolleiste (toolbar) (D). Hier sind verschiedene wichtige Funktionen aus den Pull-Down-Menüs nochmals durch Schaltflächen dargestellt und können durch Anklicken mit der Maus direkt ausgeführt werden. Da sich einige Symbole im Schaltungs-Editor (Schematics Editor) und im Bauteil-Editor (Symbol Editor) unterscheiden bzw. verschiedene Bedeutungen haben, wird in der Spalte Erklärung darauf hingewiesen.

Folgende Schaltflächen stehen für Schematics zur Verfügung:

⬜	File / New
📂	File / Open
💾	File / Save
🖨	File / Print
🔍	Vergrößern der Ansicht bzgl. Fenstermitte
🔍	Verkleinern der Ansicht bzgl. Fenstermitte
🔍	View / Area
🔍	View / Fit
▷	Draw / Get New Part
✎	Draw / Wire
✎	Draw / Bus
▯	Draw / Block
🄲	Draw / Text
▤	Edit / Attributes
✐	Edit / Symbol
▦	Analysis / Setup
〰	Analysis / Simulate

Folgende Schaltflächen stehen für den Symbol Editor zur Verfügung:

⬜	File / New
📂	File / Open
💾	File / Save
🔍	Vergrößern der Ansicht bzgl. Fenstermitte
🔍	Verkleinern der Ansicht bzgl. Fenstermitte
🔍	View / Area
🔍	View / Fit
◝	Edit / Arc
▢	Edit / Box
◯	Edit / Circle
╲	Edit / Line
ABC	Edit / Text
⊶	Edit / Pin
⊳	Part / Get
▤	Part / Attributes

Die Arbeits- bzw. Zeichenfläche (E) nimmt den größten Teil des Bildschirmes ein. Sie wird beim Start von Schematics nicht in ihrer ganzen Größe gezeigt. Wird ein Überblick über die ganze verfügbare Arbeitsfläche gewünscht, so ist das durch die Wahl des Hauptmenüpunktes *View* und den Untermenüpunkt *Entire page* erreichbar. Die Statuszeile am unteren Rand der Arbeitsfläche besteht aus mehreren Teilen. Der linke Teil (F) zeigt die x- und y-Koordinaten (in inch) der aktuellen Position der Maus (bzw. des Cursors) an. Im Feld daneben (G) werden Warnungen oder Funktionen angezeigt, die gerade ausgeführt werden. Ganz rechts befindet sich noch ein Feld (H) das anzeigt, was bei Gebrauch der Repeat-(Wiederhol-)Funktion (Doppelklick der rechten Maustaste) ausgeführt wird.

Mit den Bildlaufleisten (I) ist es möglich, jeden beliebigen Teil der aktuellen Arbeitsfläche in den sichtbaren Ausschnitt zu schieben. Die Benutzung dieser Leisten erfolgt wie in Windows üblich. Am einfachsten gestaltet sie sich jedoch durch die Benutzung einer Maus. Folgende Grundregeln gelten bei der Benutzung der Maus:

Taste	Klicks	Funktion
links	1 mal	Auswahl eines Punktes
	2 mal	Beenden eines Modus
	2 mal auf einem ausgewählten Objekt	Editieren eines Objektes
	Shift + 1 mal	Auswahl mehrerer Objekte
rechts	1 mal	Abbrechen eines Modus
	2 mal	Wiederholen einer Aktion

12

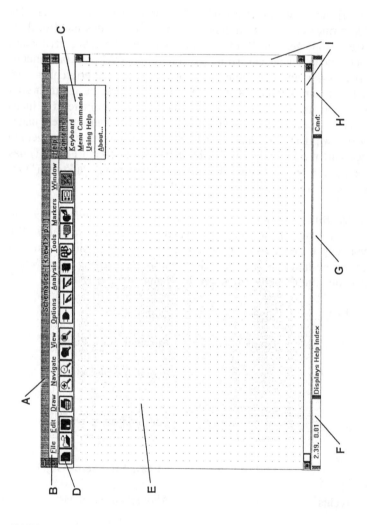

Abbildung 3-1: Schematics-Benutzeroberfläche

Durch Drücken der Taste F1 erscheint ein Hilfe-Fenster, das nach verschiedenen Themenbereichen geordnet ist. Leider ist diese Online-Hilfe nur in Englisch verfügbar.

3.1 Aufruf der Bauteile

3.1.1 Zeichnen der Bauteile

Nach dem Starten von Schematics (durch Doppelklick auf das Windows-Symbol Schematics) erscheint eine leere Arbeitsfläche. Es kann mit dem Zeichnen der Schaltung begonnen werden.

Durch Anwahl des Haupmenüpunktes *Draw* und des Unterpunktes *Get New Part* (oder durch Drücken der Tastenkombination Strg+G) erscheint das Dialogfenster mit dem Namen *Add Part*, in das die Bezeichnung des gewünschten Bauteiles eingetragen wird. Man erhält dann automatisch das entprechende Schaltsymbol, das man mit der Maus auf der Arbeitsfläche positionieren kann.

Diese Vorgehensweise setzt natürlich voraus, daß die Bezeichnung des jeweiligen Bauteiles bekannt ist; falls nicht, so bietet das Dialog-fenster *Add Part* den Punkt *Browse*. Nach Anwahl dieses Punktes erscheint ein weiteres Dialogfenster mit dem Namen *Get Part* (s. Abb. 3.1.1-1). Dieses Fenster bietet die Möglichkeit, die mitgeliefer-ten Bibliotheken durchzusehen.

Im rechten Fenster des Dialogfensters *Get Part* sind die ver-schiedenen Symbolbibliotheken aufgelistet. Diese Bibliotheken haben alle die Extension *.slb* (für symbol library). In diesen Bibliotheken sind die Bauteildarstellungen der gleichnamigen Bauteilbibliotheken abgespeichert. Wenn also die Bibliothek *eval.lib* beispielsweise ein Bauteil mit der Bezeichnung 2N2222 enthält, so ist in der zugehöri-gen Symbolbibliothek *eval.slb* die dazugehörige Darstellung eines NPN-Transistors vorhanden.

Wählt man nun dieses Bauteil aus, so wird bei der Erstellung der Netzliste automatisch das zugehörige Modell aus der *eval.lib* benutzt. Im linken Fenster sind die Bauteile aufgelistet, die sich in der rechts ausgewählten Symbolbibliothek befinden. Das Feld *Part Name* ganz oben zeigt das Bauteil an, das im linken Fenster ausgewählt ist. Im Feld *Description* befindet sich eine kurze Beschreibung des Bauteiles.

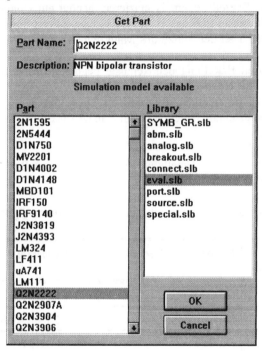

Abbildung 3.1.1-1: Dialogfenster *Get Part*

Wurde das gewünschte Bauteil gefunden und ausgewählt, kann es nach Anklicken der Schaltfläche *OK* plaziert werden (die Dialogfenster *Add Part* und *Get Part* verschwinden nach Drücken von *OK*).

Das Bauteil ist direkt mit dem Mauszeiger verbunden. Durch einmaliges Drücken der linken Maustaste kann es auf der Arbeitsfläche plaziert werden. Möchte man mehrere gleiche Bauteile plazieren, genügt es, das Bauteil an mehreren Stellen mit der linken Maustaste abzulegen. Mit der rechten Maustaste beendet man diesen Vorgang (damit verschwindet auch das Bauteil vom Mauszeiger). Möchte man nun das gleiche Bauteil nochmals plazieren, genügt ein Doppelklick der rechten Maustaste und das Bauteil, das man zuletzt benutzt hat, erscheint wieder an der Spitze des Mauszeigers.

Zur korrekten Erstellung der Netzliste beginnt jedes Bauteil in der Bibliothek mit einem speziellen Buchstaben z.B. **Q**2N2222. Hierbei steht das "Q" für einen Bipolartransistor. Diese Zuordnung von Buchstaben zu speziellen Bauteilen ist für PSpice zur Bauteilidentifikation notwendig.

In der nachfolgenden Tabelle ist aufgelistet, welcher Buchstabe welchem Bauteil zugeordnet ist:

Achtung: Diese Zuordnung gilt nur für elektronische Bauteile.

Anfangs-buchstabe	Bauteil oder Bedeutung	Beispiel
B...	GaAsFET	B2N5433
C...	Kondensator	C15, Csieb
D...	Diode	D1N4148
E...	spannungsgesteuerte Spannungsquelle	E10, Espgesspq
F...	stromgesteuerte Spannungsquelle	F10, Fstrgestspq

Anfangs-buchstabe	Bauteil oder Bedeutung	Beispiel
G...	spannungsgesteuerte Stromquelle	G12, GSpggeststrq
H...	stromgesteuerte Stromquelle	H15, Hstrgeststrq
I...	unabhängige Stromquelle	I5, Iin, Iquelle
J...	Sperrschicht-FET	J2N3819
K...	Kopplungsfaktor beim Übertrager	Ktrafo1, K2
L...	Spule	L1, Lcoil1
M...	MOSFET	MIRF150
N...	Digitaler Eingang	N1, N74xxein
O...	Digitaler Ausgang	O20, O74xxaus
Q...	Bipolartransistor	Q2N2222
R...	Widerstand	R1, Rvorwid
S...	Spannungsgesteuerter Schalter	S1, Sschalt
T...	Leitung (HF-Bereich)	Tanpass
U...	digitaler Baustein	U74LS123
V...	unabhängige Spannungsquelle	Vein, Vversorg
W...	stromgesteuerter Schalter	W1, Wschalt
Z...	Aufruf einer Teilschaltung	Z1, Zunters

Bei den älteren Versionen von PSpice, bei denen die Netzliste noch eingegeben werden mußte, war es sehr wichtig, die Bedeutung dieser Anfangsbuchstaben zu kennen. Bei MicroSim PSpice ist dies nur bedingt nötig. Da MicroSim PSpice selbsttätig eine Netzliste erstellt, sind diese Teilebezeichnungen nur bei der Suche nach Fehlern oder bei der manuellen Eingabe von Netzlisten nötig.

In den Symbolbibliotheken (z.B. *analog.slb*) können die Bauteile beliebige Bezeichnungen haben. MicroSim PSpice setzt beim Erstellen der Netzliste automatisch die richtigen Buchstaben vor die Bauteilbezeichnungen (entsprechend der obigen Tabelle).

3.1.2 Positionieren und Ändern der Bauteilbezeichnungen und Bauteilwerte

Nachdem das Bauteil auf der Arbeitsfläche plaziert ist, erhält es automatisch eine Bezeichnung und - bei passiven Bauelementen - einen Anfangswert, welcher durch den Benutzer abgeändert werden kann.

Die automatische Numerierung erfolgt nach der Reihenfolge der Plazierung der Bauteile. Daher ist es aus Gründen der Übersichtlichkeit oft ratsam, die Bauteilbezeichnungen nach dem Zeichnen aller Bauteile neu zu vergeben.

Da passive Bauteile automatisch einen Anfangswert erhalten, muß dieser entsprechend den korrekten Werten, die berechnet werden sollen, richtiggestellt werden.

Am Beispiel des Widerstandes in Abbildung 3.1.2-1 soll hier gezeigt werden, wie man Bezeichnungen und Werte der Bauteile ändert.

Achtung: Bei den Beispielen in diesem Buch werden die in Deutschland üblichen Schaltsymbole benutzt. Da die Schaltsymbole, die mit MicroSim PSpice geliefert werden, den amerikanischen Normen entsprechen, wurde dazu eine spezielle Symbolbibliothek *symb_gr.slb* erstellt. Wie diese zu erstellen und korrekt einzubinden ist, wird in Kapitel 6 ausführlich erläutert.

Nach der Wahl des Hauptmenüpunktes *Draw* und des Punktes *Get New Part* erscheint das Dialogfenster *Add Part*. Durch Eintrag eines "R" in das mit *Part:* bezeichnete Feld und Betätigen der Schaltfläche *OK* erhält man einen Widerstand, den man nun beliebig oft auf der Arbeitsfläche plazieren kann (diese Auswahl kann über die Tastatur mit Strg+G, R, Enter erfolgen). Es ist auch möglich, das Bauteil im Dialogfenster *Add Part* durch *Browse* aus der Bauteilbibliothek *analog.slb* auszuwählen.

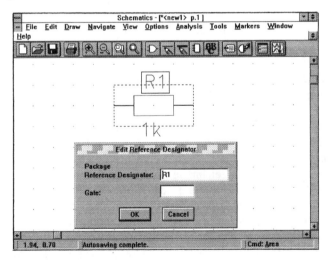

Abbildung 3.1.2-1: Dialogfenster *Edit Reference Designator*

Tabelle der Potenzen-Abkürzungen (Groß- und Kleinbuchstaben werden akzeptiert):

Abkürzung	Bedeutung	Zehnerpotenz
G	Giga	10^9
MEG	Mega	10^6
K	Kilo	10^3
M	Milli	10^{-3}
MIL	10^{-3} inch	$25,4 \cdot 10^{-6}$m
U	Mikro	10^{-6}
N	Nano	10^{-9}
P	Piko	10^{-12}
F	Femto	10^{-15}

Das Drehen (Rotieren) eines Bauteiles erfolgt am einfachsten mit der Tastenkombination Strg+R, Spiegeln mit Strg+F.

Einmaliges Anklicken der Bauteilbezeichnung (hier R1) hat zur Folge, daß die Bezeichnung R1 einen Kasten und das Bauteil einen gestrichelten Rahmen erhält. Dieser Rahmen zeigt an, zu welchem Bauteil die angewählte Bezeichnung gehört. Durch Anklicken und Festhalten der linken Maustaste auf dem Kasten der Bauteilbezeichnung kann diese nun beliebig positioniert werden. Mit einem Doppelklick der linken Maustaste auf die Bauteilbezeichnung erscheint das Fenster *Edit Reference Designator*, in das man bei *Package Reference Designator* eine neue Bezeichnung eintragen kann. Dies wird durch Anklicken der Schaltfläche *OK* mit der linken Maustaste bestätigt.

Analog zu der oben beschriebenen Vorgehensweise läßt sich auch der Bauteilwert positionieren und ändern, d.h. Positionierung durch einmaliges Anklicken mit der linken Maustaste auf dem Bauteilwert (hier 1K) bzw. Ändern des Wertes durch Doppelklick mit der linken Maustaste. Beim Ändern des Bauteilwertes erscheint das Fenster *Set Attribute Value*. Der neue Bauteilwert kann nun eingetragen und mit *OK* bestätigt werden.

Bei den Bauteilwerten ist darauf zu achten, daß die richtigen Potenzbezeichnungen eingetragen werden. So ist "M" nicht die Abkürzung für Mega, sondern für Milli.

3.1.3 Das Statusdialogfenster der Bauteile

Durch einen Doppelklick der linken Maustaste auf das Schaltsymbol eines Bauteiles öffnet man das entsprechende Statusdialogfenster zu diesem Bauteil. In Abb. 3.1.3-1 ist ein solches Statusdialogfenster für einen Widerstand dargestellt.

In der Kopfzeile dieses Dialogfensters steht zunächst die aktuelle Bezeichnung des angewählten Bauteiles (hier R1), danach folgt hinter *Part Name:* die allgemeine Bauteilbezeichnung (also hier "R" für den Widerstand).

Unter der Titelzeile befinden sich zwei Felder, die mit *Name* und *Value* überschrieben sind. Hier werden die Parameter eingeblendet. Die in der Liste darunter nicht mit einem Stern "*" gekennzeichneten Parameter können im Feld *Value* verändert werden.

22

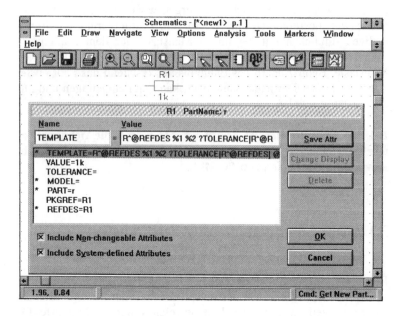

Abbildung 3.1.3-1: Statusdialogfenster für einen Widerstand

Anmerkung: Auch im Statusdialogfenster der Bauteile ist es möglich,
die Bauteilbezeichnung und den Bauteilwert zu ändern.
Die Methode, die in Kapitel 3.1.2 beschrieben wird, ist
jedoch einfacher.

Die erste Zeile des darunterliegenden Parameterfensters beginnt mit
der *Template*-Zeile. Diese Zeile beschreibt, wie (also mit welcher
Syntax) das Bauteil bei der Erstellung der Netzliste dort eingetragen
wird. Diese Zeile ist mit einem Stern "*" versehen und kann nicht
verändert werden.

Die zweite Zeile zeigt den Bauteilwert an. Wird diese Zeile angewählt, so erscheint sie auch gleichzeitig oben, und der Wert kann
dort verändert werden.

Der Parameter *Tolerance* wird zur Simulation verschiedener Bauteilwerte bei einer Monte Carlo-Analyse (Analyse der Schaltung unter
Berücksichtigung der Bauteiltoleranzen) bzw. bei der Erstellung der
Bauteilliste benötigt. Wird ein Wert (in Prozent) eingetragen, so wird
bei der Erstellung der Netzliste ein Bauteilmodell für den Widerstand
automatisch eingefügt.

MicroSim PSpice bietet die Möglichkeit, Informationen an Layout-
programme zu übergeben. Auf diese Möglichkeit kann hier jedoch
nicht näher eingegangen werden, da es den Rahmen dieses Buches
bei weitem sprengen würde.

Der Parameter *PKGREF* (Package Reference) wird dazu benutzt, einem Layoutprogramm mitzuteilen, daß mehrere Bauteile zu einem
Gehäuse gehören. So kann beispielsweise ein Operationsverstärker
zur Berechnung aus separaten Bauteilen gezeichnet werden, bei der
Erstellung des Layouts der Schaltung jedoch wird ein integriertes
Bauteil benutzt. Daher muß dem Layoutprogramm mitgeteilt werden,
daß die Bauteile in diesem Operationsverstärker integriert sind und
nicht separat benötigt werden.

Der letzte Parameter ist die Bauteilbezeichnung *REFDES*. Sie kann
hier nicht verändert werden und ist daher mit einem Stern "*" gekennzeichnet. Zum Ändern dieser Bezeichnung (hier R1) ist diese
mit der linken Maustaste doppelt anzuklicken. Im daraufhin erscheinenden Fenster kann die Bauteilbezeichnung eingetragen werden.

Achtung: Mit Hilfe des Parameters *PKGREF* kann die Bauteilbezeichnung auch im Statusdialogfenster geändert werden
(sofern der Parameter nicht für den oben angesprochenen

Zweck benötigt wird). Wird nämlich unter dem Parameter *PKGREF* die gewünschte Bauteilbezeichnung eingetragen, so ändert sich automatisch auch die Bezeichnung unter *REFDES*. Diese Art der Bauteilbenennung wird im folgenden des öfteren benutzt, da sie gegenüber der üblichen Methode einen Arbeitsschritt spart.

Bei anderen Bauteilen und Spannungsquellen sind noch verschiedene andere Parameter anzutreffen, die später ausführlicher erklärt werden sollen (s. Kap. 3.3).

3.1.4 Verbinden der Bauteile miteinander

Nachdem die Bauteile auf der Arbeitsfläche plaziert sind, können sie miteinander verbunden werden. Durch Anwahl des Hauptmenüpunktes *Draw* und des Unterpunktes *Wire* (Leitung) im Pull-down-Menü nimmt der Cursor, der normalerweise einen Pfeil darstellt, die Form eines Bleistiftes an (Anwahl über die Tastatur mit Strg+W oder direkt über die entsprechende Schaltfläche der Symbolleiste). Im unteren, mittleren Feld erscheint die Meldung "Select point to start segment or <ESC> to abort". Zunächst plaziert man die Spitze dieses Bleistiftes auf einer Bauteilleitung und klickt diese einmal mit der linken Maustaste an. Danach führt man den Stift auf das Leitungsende des nächsten anzuschließenden Bauteiles und klickt dieses erneut einmal mit der linken Maustaste an. Die Verbindung erfolgt automatisch. Wo es nötig ist, werden die Ecken automatisch gezeichnet. Solange der Cursor die Form eines Bleistiftes hat, kann die Leitung beliebig weitergezogen werden. Möchte man abbrechen, drückt man die rechte Maustaste einmal.

Um nun die nächste Leitung zu zeichnen genügt ein Doppelklick mit der rechten Maustaste (Wiederholung der letzte Funktion): Der Cursor wird wieder zum Bleistift. Verbindungspunkte von Bauteilen an Leitungen werden ebenfalls automatisch gesetzt (s. Abb. 3.1.4-1).

Löschen lassen sich Leitungen durch einmaliges Anklicken mit der linken Maustaste (**Achtung:** Der Cursor muß dabei einen Pfeil darstellen). Die zu löschende Leitung wird nun ihre Farbe von grün nach rot ändern. Nun genügt ein Druck auf die Entf-(bzw. Del-) Taste.

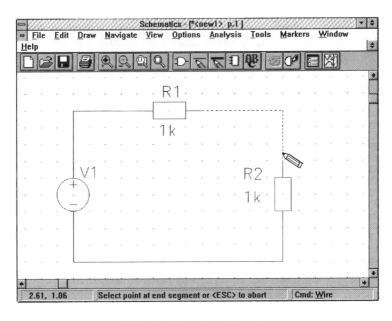

Abbildung 3.1.4-1: Verbinden der Bauteile miteinander

26

3.1.5 Vergabe von Knotenpunkten

Wie bei den älteren Versionen von PSpice müssen auch bei Micro
Sim PSpice Knotenpunkte vergeben werden, um später eine Netzliste
erstellen zu können. Durch Doppelklick mit der linken Maustaste auf
eine Leitung oder ein Leitungsstück erscheint das Dialogfenster *Set
Attribute Value*. Im Feld mit der Überschrift *Label* kann die Knoten-
punktnummer eingetragen werden (s. Abb. 3.1.5-1).

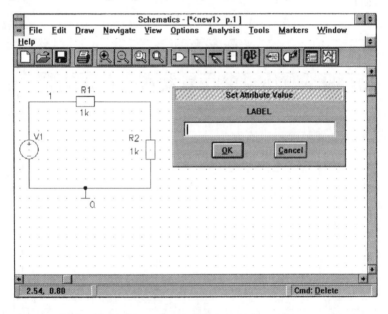

Abbildung 3.1.5-1: Dialogfenster *Set Attribute Value*

Dabei erkennt Schematics automatisch, ob an diesem Punkt der Leitung eine neue Nummer vergeben werden muß oder nicht. Hat der

betreffende Knoten schon eine Knotennummer, so erscheint diese Nummer beim Aufruf im Feld *Label*.

Achtung: Die Knotennummer 0 ist für den Massepunkt der Schaltung reserviert (s. Abb. 3.1.5-1).

Durch einmaliges Anklicken einer einmal vergebenen Nummer mit der linken Maustaste wird sie mit einem Kasten umrandet und kann beliebig positioniert werden. Das Verändern einer Knotennummer geschieht am einfachsten durch einen Doppelklick mit der linken Maustaste. Es erscheint erneut das Dialogfenster *Set Attribute Value*, und die neue Nummer kann eingetragen werden.

3.1.6 Hotkeys und Funktionstasten

In Schematics und im Symbol Editor können anstatt der Pull-Down-Menüs auch verschiedene Funktionstasten und Tastenkombinationen (Hotkeys) benutzt werden.

3.1.6.1 Schematics Hotkeys

Funktionstasten

Bei <F4> bis <F9>: <F...>-Taste drücken, um Funktion einzuschalten; Shift+<F...>, um Funktion auszuschalten

Funktions-taste	Menüpunkte / Befehl	Erklärung
\<F1\>	Help	Online-Hilfefenster aufrufen
\<F2\>	Navigate / Push	schaltet zum nächst niedrigeren Level in der Schaltungshierarchie
\<F3\>	Navigate / Pop	schaltet zum nächst höheren Level in der Schaltungshierarchie
\<F4\>	Options / Display Options / Text Grid / Stay on Grid	Text am Textraster ausrichten
\<F5\>	Options / Display Options / Options / Orthogonal	Orthogonal (Auto-Scroll)
\<F6\>	Options / Display Options / Options / Stay on Grid	an Raster ausrichten
\<F7\>	Options / Auto-Naming / Reference Designators / Enable Auto-Naming	automatische Bauteilnummerierungserhöhung
\<F8\>	Options / Auto-Repeat / Enable Auto-Repeat	automatische Wiederholung
\<F9\>	Options / Display Options / Options / Rubberband	Gummiband-Funktion

Funktions-taste	Menüpunkte / Befehl	Erklärung
\<F10\>	File / Current Errors	Fehler-Fenster anzeigen
\<F11\>	Analysis / Simulate	Simulation starten
\<F12\>	Analysis / Run Probe	Probe starten

Tastenkombinationen

Tasten-kombination	Hauptmenüpunkt / Befehl	Erklärung
Strg+A	View / Area	gekennzeichneten Ausschnitt vergrößern
Strg+B	Draw / Bus	Bus-Leitung zeichnen
Strg+C	Edit / Copy	kopieren
Strg+D	Draw / Rewire	Leitung neu zeichnen
Strg+E	Edit / Label	*Label*-Fenster öffnen
Strg+F	Edit / Flip	horizontal spiegeln
Strg+G	Draw / Get New Part	neues Bauteil laden
Strg+I	View / In	Zeichnungsdarstellung vergrößern (Zoom In)
Strg+L	View / Redraw	Schaltung neu zeichnen
Strg+M	Markers / Mark Voltage/Level	Spannungspunkt in der Schaltung markieren

Tasten-kombination	Hauptmenüpunkt / Befehl	Erklärung
Strg+N	View / Fit	Größe der Schaltungs-darstellung auf Bild-schirmgröße bringen
Strg+O	View / Out	Zeichnungsdarstellung verkleinern (Zoom Out)
Strg+P	Draw / Place Part	stellt das zuletzt benutzte Bauteil nochmals zur Verfügung
Strg+R	Edit / Rotate	gewähltes Bauteil drehen
Strg+S	File / Save	Schaltung speichern
Strg+T	Draw / Text	Kommentartext schreiben
Strg+U	Edit / Undelete	letzte Löschung rückgän-gig machen
Strg+V	Edit / Paste	fügt ein, was vorher mit *Cut* oder *Copy* ausge-wählt wurde
Strg+W	Draw / Wire	Leitung zeichnen
Strg+X	Edit / Cut	gekennzeichneten Bereich oder Bauteil ausschneiden
Entf-Taste	Delete	entfernen
Leertaste	Draw / Repeat	aktuelles Bauteil noch-mals auf der Arbeitsflä-che plazieren

3.1.6.2 Symbol Editor Hotkeys

Funktionstasten

Bei <F2> bis <F8>: <F...>-Taste drücken, um Funktion einzuschalten; Shift+<F...>, um Funktion auszuschalten.

Funktions-taste	Menüpunkte / Befehl	Erklärung
<F1>	Help	Online-Hilfefenster aufrufen
<F2>	Options / Display Options / Options / Grid On	Raster an/aus
<F4>	Options / Display Options / Text Stay On Grid	Text am Raster ausrichten
<F5>	Options / Pan & Zoom / Auto Pan / Enable	Auto-Scroll
<F6>	Options / Display Options / Options / Stay On Grid	an Raster ausrichten
<F8>	Options / Auto-Repeat / Enable Auto-Repeat	automatische Wiederholung
<F10>	File / Current Errors	Fehler-Fenster anzeigen

Tastenkombinationen

Tasten-kombination	Hauptmenüpunkt / Befehl	Erklärung
Strg+A	View / Area	gekennzeichneten Ausschnitt vergrößern
Strg+C	Edit / Copy	kopieren
Strg+D	Part / Definition	*Definitions*-Fenster des Bauteiles öffnen
Strg+E	Packaging / Edit	Bauteilgehäuse definieren
Strg+F	Edit / Flip	horizontal spiegeln
Strg+G	Part / Get	neues Bauteil laden
Strg+H	Edit / Change	gewählte Bauteildefinition ändern
Strg+I	View / In	Zeichnungsdarstellung vergrößern (Zoom In)
Strg+L	View / Redraw	Schaltung neu zeichnen
Strg+N	View / Fit	Größe der Schaltungsdarstellung auf Bildschirmgröße bringen
Strg+O	View / Out	Zeichnungsdarstellung verkleinern (Zoom Out)
Strg+P	Part / Pin List	*Pin List*-Fenster öffnen
Strg+R	Edit / Rotate	gewähltes Bauteil drehen
Strg+S	File / Save	Schaltung speichern

Tasten-kombination	Hauptmenüpunkt / Befehl	Erklärung
Strg+T	Edit / Pin Type	Pin-Definition editieren
Strg+U	Edit / Undelete	letzte Löschung rückgängig machen
Strg+V	Edit / Paste	fügt ein, was vorher mit *Cut* oder *Copy* ausgewählt wurde
Strg+X	Edit / Cut	gekennzeichneten Bereich ausschneiden
Entf-Taste	Edit / Delete	entfernen
Leertaste	Graphics / Repeat	letzten Befehl wiederholen

3.2 Die verschiedenen Spannungs- und Stromquellen

Bei MicroSim PSpice stehen wie bei PSpice verschiedene Spannungs- und Stromquellen zur Verfügung. Es ist darauf zu achten, daß nicht mit jeder Quelle bei jeder Simulationsart brauchbare Ergebnisse erzielt werden.

Eine Spannungs- oder Stromquelle wird wie jedes andere Bauteil unter dem Hauptmenüpunkt *DRAW* und dem Unterpunkt *Get New Part* aufgerufen (siehe auch Kapitel 3.1). Die verschiedenen Quellen befinden sich in der Symbolbibliothek *source.slb* und können mit der Browse-Funktion im Dialogfenster *Add Part* durchgesehen werden.

Die meisten Bauteile, die in einer Schaltung eingesetzt werden, sind sowohl bei der Simulation als auch beim Layout der Schaltung wichtig. Es gibt jedoch Bauteile, die nur bei der Simulation benötigt werden, wie beispielsweise Spannungsquellen und Bauteile, die nur im Layout wichtig sind, wie beispielsweise Stecker. Deshalb wurde der Bauteilparameter *Simulationonly* eingeführt. Mit ihm werden Bauteile gekennzeichnet, die nur bei der Simulation benötigt werden. Dieser Parameter ist bei allen Spannungs- und Stromquellen zu finden.

3.2.1 Urquellen

Urquellen sind ideale, unabhängige Quellen mit beliebiger Spannung bzw. Strom, Phase und dem Innenwiderstand unendlich bzw. null.

3.2.1.1 Gleichspannungsquellen

Eine Gleichspannungsquelle steht unter der Bezeichnung

VSRC

(voltage source) zur Verfügung.

Nachdem das Bauteil auf der Arbeitsfläche plaziert ist, kann das Statusdialogfenster durch einen Doppelklick auf das Bauteil mit der linken Maustaste geöffnet werden. In diesem Fenster können folgende Parameter eingegeben werden:

    DC: Gleichspannungsanteil der Quelle in Volt
    AC: Wechselspannungsanteil der Quelle in Volt
    tran: Phase der Wechselspannung in Grad

Kleinere oder größere Spannungen können mit Hilfe der in Kapitel 3.1.2 angegebenen Potenzabkürzungen angegeben werden (z.B. 10mV für 10 Millivolt, wobei die Einheit Volt nicht angegeben werden muß, d.h. der Eintrag 10m genügt).

Wird eine Quelle mit negativer Spannung benötigt, so gibt es zwei Möglichkeiten, diese zu erhalten:

    - durch Angabe eines negativen Spannungswertes (also z.B. -10)
    - durch Verpolen der Quelle (Drehen um 180° mit Strg+R).

Anmerkung: Wird eine Quelle mit Innenwiderstand benötigt, so muß dieser zusätzlich in die Schaltung eingezeichnet werden.

3.2.1.2 Gleichstromquellen

Eine Gleichstromquelle steht unter der Bezeichnung

ISRC

zur Verfügung.

Nachdem das Bauteil auf der Arbeitsfläche plaziert ist, kann das Statusdialogfenster durch einen Doppelklick auf das Bauteil mit der linken Maustaste geöffnet werden. In diesem Fenster können nun folgende Parameter eingegeben werden:

DC: Gleichstromanteil in Ampere
AC: Wechselstromanteil in Ampere
tran: Phase des Wechselstromanteiles in Grad

Kleinere oder größere Ströme können mit Hilfe der in Kapitel 3.1.2 angegebenen Potenzabkürzungen angegeben werden (z.B. 10mA für 10 Milliampere, wobei die Einheit Ampere nicht angegeben werden muß, d.h. der Eintrag 10m genügt).

Wird eine Quelle mit negativem Strom benötigt, so gibt es zwei Möglichkeiten, diese zu erhalten:

- durch Angabe eines negativen Stromwertes (also z.B. -10)
- durch Verpolen der Quelle (Drehen um 180° mit Strg+R)

Anmerkung: Wird eine Quelle mit Innenwiderstand benötigt, so muß dieser zusätzlich in die Schaltung eingezeichnet werden.

3.2.2 Sinusquellen

Unter Sinusquellen versteht man ideale, unabhängige Quellen mit sinusförmiger Ausgangsspannung bzw. Ausgangsstrom, beliebiger Phase und dem Innenwiderstand unendlich bzw. null.

3.2.2.1 Spannungsquellen mit sinusförmiger Ausgangsspannung

Eine Spannungsquelle mit sinusförmiger Ausgangsspannung steht unter der Bezeichnung

VSRC

(voltage source) zur Verfügung.

Nachdem das Bauteil auf der Arbeitsfläche plaziert ist, kann das Statusdialogfenster durch einen Doppelklick auf das Bauteil mit der linken Maustaste geöffnet werden. In diesem Fenster können folgende Parameter eingegeben werden:

DC: Gleichspannungsanteil der Quelle in Volt
AC: Wechselspannungsanteil der Quelle in Volt
tran: Phase der Wechselspannung in Grad

Der angegebene Spannungswert wird vom Programm als Effektivwert betrachtet.

Kleinere oder größere Spannungen können mit Hilfe der in Kapitel 3.1.2 angegebenen Potenzabkürzungen angegeben werden (z.b. 10uV für 10 Mikrovolt, wobei die Einheit Volt nicht angegeben werden muß, d.h. der Eintrag 10u genügt).

Wird eine Quelle mit negativer Spannung benötigt, so gibt es zwei Möglichkeiten, diese zu erhalten:

- durch Angabe eines negativen Spannungswertes (also z.b. -10)
- durch Verpolen der Quelle (Drehen um 180° mit Strg+R).

Anmerkung 1: Wird eine Quelle mit Innenwiderstand benötigt, so muß dieser zusätzlich in die Schaltung eingezeichnet werden.

Anmerkung 2: Wird zusätzlich ein Wert für den Parameter DC eingetragen, so wird eine Wechselspannungsquelle mit Gleichspannungsanteil (Offset) definiert.

3.2.2.2 Stromquellen mit sinusförmigem Ausgangsstrom

Eine Wechselstromquelle steht unter der Bezeichnung

ISRC

zur Verfügung.

Nachdem das Bauteil auf der Arbeitsfläche plaziert ist, kann das Statusdialogfenster durch einen Doppelklick auf das Bauteil mit der linken Maustaste geöffnet werden. In diesem Fenster können folgende Parameter eingegeben werden:

DC: Gleichstromanteil in Ampere
AC: Wechselstromanteil in Ampere
tran: Phase des Wechselstromanteiles in Grad

Kleinere oder größere Ströme können mit Hilfe der in Kapitel 3.1.2 angegebenen Potenzabkürzungen angegeben werden (z.B. 10uA für 10 Mikroampere, wobei die Einheit Ampere nicht angegeben werden muß, d.h. der Eintrag 10u genügt).

Wird eine Quelle mit negativem Strom benötigt, so gibt es zwei Möglichkeiten, diese zu erhalten:

- durch Angabe eines negativen Stromwertes (also z.B. -10)
- durch Verpolen der Quelle (Drehen um 180° mit Strg+R).

Anmerkung 1: Wird eine Quelle mit Innenwiderstand benötigt, so muß dieser zusätzlich in die Schaltung eingezeichnet werden.

Anmerkung 2: Wird zusätzlich ein Wert für den Parameter DC eingetragen, so wird damit eine Wechselstromquelle mit Gleichstromanteil (Offset) definiert.

3.2.3 Pulsquellen

Unter unabhängigen Pulsquellen versteht man Quellen, deren Pulsform einstellbar ist (z.B. Rechteckform, Dreieckform, Sägezahn...).

3.2.3.1 Spannungspulsquellen

Eine Spannungspulsquelle steht unter der Bezeichnung:

VPulse

zur Verfügung.

Ein Doppelklick mit der linken Maustaste auf das Bauteil öffnet das Statusdialogfenster, in das folgende Parameter eingetragen werden können:

Para-meter	Bedeutung	PSpice-Bezeichnung	Ein-heit	Ersatzwert
v1	Anfangs-spannung	initial voltage	V	----
v2	Spitzen-spannung	pulsed voltage	V	----
td	Verzögerung beim Start	delay	s	0
tr	Anstiegszeit	rise time	s	TSTEP*
tf	Abfallzeit	fall time	s	TSTEP*
pw	Pulsweite	pulse width	s	TSTOP*
per	Periodendauer	period	s	TSTOP*

*Die Werte TSTEP und TSTOP werden aus den Angaben in der Transient-Analyse (Zeitanalyse) entnommen, falls diese dort eingetragen wurden. Ersatzwerte werden vom Programm bei der Berechnung

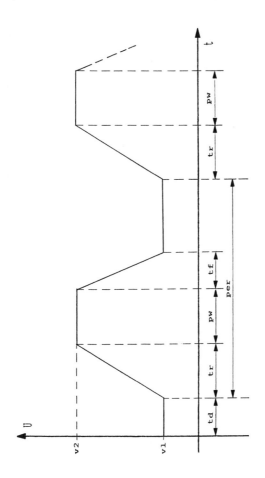

Abbildung 3.2.3.1-1: Bedeutung der einzelnen Parameter

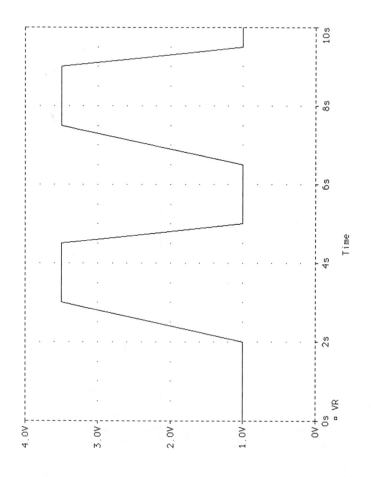

Abbildung 3.2.3.1-2: Beispiel für eine Spannungspulsquelle

der Schaltung für die Parameter eingesetzt, falls keine anderen definiert wurden.

Für den Spannungsverlauf in Abbildung 3.2.3.1-2 wurden im Statusdialogfenster folgende Parameter definiert: v1=1V, v2=3.5V, td=2s, tr=1s, tf=0.5s, pw=1.5s, per=4.5s.

3.2.3.2 Strompulsquellen

Eine Strompulsquelle steht unter der Bezeichnung:

IPulse

zur Verfügung.

Ein Doppelklick mit der linken Maustaste auf das Bauteil öffnet das Statusdialogfenster, in das folgende Parameter eingetragen werden können:

Para-meter	Bedeutung	PSpice-Bezeichnung	Ein-heit	Ersatzwert
i1	Anfangsstrom	initial current	A	----
i2	Spitzenstrom	pulsed current	A	----
td	Verzögerung beim Start	delay	s	0
tr	Anstiegszeit	rise time	s	TSTEP*
tf	Abfallzeit	fall time	s	TSTEP*

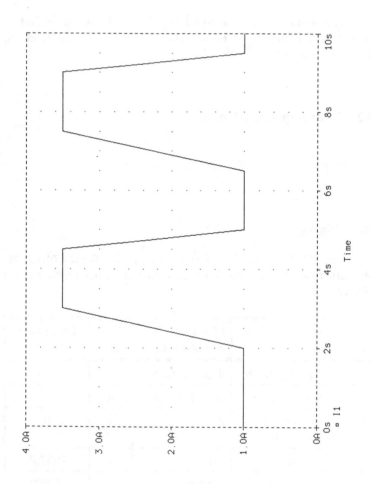

Abbildung 3.2.3.2-1: Beispiel für eine Strompulsquelle

Para-meter	Bedeutung	PSpice-Bezeichnung	Ein-heit	Ersatzwert
pw	Pulsweite	pulse width	s	TSTOP*
per	Periodendauer	period	s	TSTOP*

*Die Werte TSTEP und TSTOP werden aus den Angaben in der Transient-Analyse (Zeitanalyse) entnommen, falls sie dort eingetragen wurden. Ersatzwerte werden vom Programm bei der Berechnung der Schaltung für die Parameter eingesetzt, falls keine anderen definiert wurden.

Für den Stromverlauf in Abbildung 3.2.3.2-1 wurden im Statusdialogfenster folgende Parameter definiert: i1=1A, i2=3.5A, td=2s, tr=1s, tf=0.5s, pw=1.5s, per=4.5s.

3.2.4 Sprungfunktionen

In der Nachrichtentechnik wird ein Netzwerk (Schaltung) oft auf seine Impuls- und Sprungantwort, also die Reaktion auf einen Dirac-Stoß (δ-Impuls) oder einen Einheitssprung (σ-Funktion) untersucht. Beide Funktionen lassen sich mit den PULSE-Quellen simulieren (s. Kapitel 3.2.3). Dabei kommt es darauf an, vor der Berechnung in etwa abzuschätzen, welche Anschwing- und Abklingzeiten ein System besitzt, d.h. wie groß die Periodendauer der Funktion gewählt werden muß.

3.2.4.1 Der Dirac-Stoß (δ-Impuls)

Abbildung 3.2.4.1.-1 zeigt ein Beispiel für einen solchen Dirac-Stoß. Für diesen Spannungsverlauf wurde die Quelle VPULSE eingesetzt und folgende Parameter im Statusdialogfenster definiert: v1=0V, v2=1kV, td=1s, tr=1ns, tf=1ns, pw=1ms, per=4s.

Es wurde davon ausgegangen, daß sich das System nach 4s wieder beruhigt hat und damit bereit für einen erneuten Dirac-Stoß ist. Natürlich ist es auch möglich, die Periodendauer so groß zu wählen, daß sie außerhalb des untersuchten Zeitbereiches liegt und so nur ein Impuls bei der Berechnung berücksichtigt wird.

3.2.4.2 Der Einheitssprung (σ-Funktion)

Wenn man davon ausgeht, daß die Reaktionszeit eines Systems zwar theoretisch unendlich, in der Praxis aber nur einige Sekunden lang ist, dann kann der Einheitssprung mit hinreichender Genauigkeit als ein Rechteckpuls mit sehr großer Periodendauer behandelt werden.

Abbildung 3.2.4.2.-1 zeigt ein Beispiel für einen solchen Einheitssprung. Für diesen Spannungsverlauf wurde die Quelle VPULSE eingesetzt und folgende Parameter im Statusdialogfenster definiert: v1=0V, v2=1V, td=1s, tr=0.1ns, tf=0.1ns, pw=4s, per=8s.

Betrachtet man nun beispielsweise den zweiten Spannungsanstieg und setzt den Nullpunkt für die Betrachtung bei 9 Sekunden an, so erhält man bei einer Zeitanalyse (transient analysis) zwischen der siebten und der dreizehnten Sekunde die Reaktion des Systems auf die σ-Funktion.

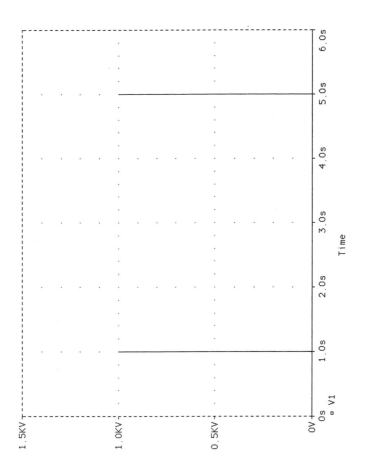

Abbildung 3.2.4.1-1: Beispiel für einen Dirac-Stoß

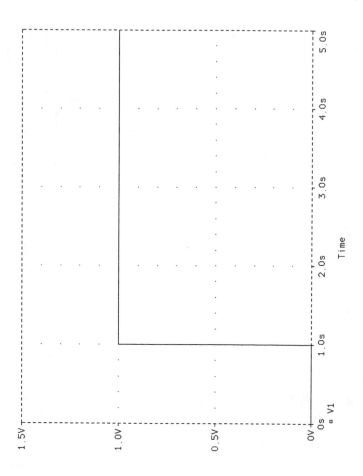

Abbildung 3.2.4.2-1: Beispiel für einen Einheitssprung

3.2.5 Sonstige Quellen

3.2.5.1 Unabhängige Spannungs- bzw. Stromquellen mit exponentiellem Spannungs- bzw. Stromverlauf

Unter den Bezeichnungen

VEXP

bzw.

IEXP

stehen Quellen mit exponentiellem Spannungs- bzw. Stromverlauf zur Verfügung. Ein Doppelklick mit der linken Maustaste auf das Bauteil öffnet das Statusdialogfenster, in das folgende Parameter eingetragen werden können:

Para-meter	Bedeutung	PSpice-Bezeichnung	Ein-heit	Ersatzwert
v1	Anfangs-spannung	initial voltage	V	---
i1	Anfangsstrom	initial current	A	---
v2	Spitzen-spannung	peak voltage	V	---
i2	Spitzenstrom	peak current	A	---
td1	Verzögerungs-zeit beim Start	rise delay	s	0

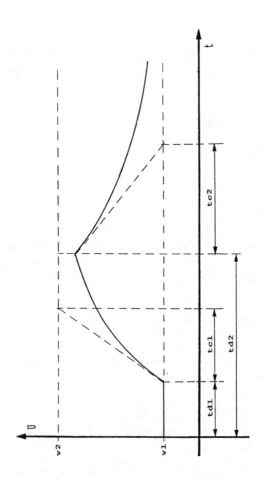

Abbildung 3.2.5.1-1: Bedeutung der einzelnen Parameter

Para-meter	Bedeutung	PSpice-Bezeichnung	Ein-heit	Ersatzwert
tc1	Anstiegs-zeitkonstante	rise time constant	s	TSTEP*
td2	Abfall-verzögerung	fall delay	s	td1+TSTEP*
tc2	Abfall-zeitkonstante	fall time constant	s	TSTEP*

*TSTEP wird aus einer evtl. vorhandenen Transient-Analyse (Zeit-analyse) der Schaltung übernommen

In Abbildung 3.2.5.1-1 werden diese Parameter nochmals dargestellt.

3.2.5.2 Unabhängige Spannungs- bzw. Stromquellen mit stückweise linearem Verlauf

Diese Quellen geben dem Benutzer die Möglichkeit, eine eigene Kur-venform zu realisieren, indem er die Zeitpunkte und die zugehörigen Spannungs- bzw. Stromwerte angibt, welche dann linear miteinander verbunden werden.

Diese Quellenart steht in Schematics unter der Bezeichnung

VPWL

als Spannungs- bzw. unter

IPWL

als Stromquelle zur Verfügung.

Ein Doppelklick mit der linken Maustaste auf das Bauteil öffnet das Statusdialogfenster, in das nachfolgend aufgeführte Parameter eingetragen werden können.

Bei Verwendung der Parameter DC bzw. AC können die entsprechenden Analysearten ausgeführt werden. DC- bzw. AC-Anteile werden der Pulsquelle jedoch nicht überlagert, sondern sind als zusätzliche Quellen zu betrachten.

Im Statusdialogfenster dieser Quelle stehen zunächst zehn Spannungs-/Strom-Zeit-Paare zur Verfügung. Sollten mehr Punkte benötigt werden, können diese einfach durch Überschreiben der Zahl im Feld *Name* hinzugefügt werden, d.h. "t10" wird mit "t11" überschrieben und ein Wert eingetragen. Durch Bestätigung mit der Enter-Taste wird dieser neue Zeitpunkt in die Liste übernommen. Auf dieselbe Weise lassen sich die Spannungs- bzw. Stromwerte erweitern. Insgesamt sind bis zu 3995 Spannungs-/Strom-Zeit-Paare möglich. In Abbildung 3.2.5.2-1 ist die Bedeutung obiger Parameter nochmals dargestellt.

Anmerkung 1: Wird dem Parameter t1 ein Zeitwert größer als null zugeordnet, so wird der zugehörige Spannungs-(Strom-)Wert v1 (i1) automatisch bis zum Zeitpunkt 0 zurückverlängert. Wird beispielsweise t1 mit 1s und v1 mit 2V angegeben, so startet PSpice beim Zeitpunkt 0s mit dem Spannungswert 2V.

Anmerkung 2: Diese Quelle besitzt keine Ersatzwerte.

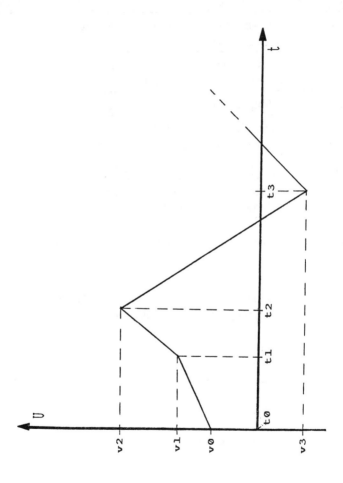

Abbildung 3.2.5.2-1: Bedeutung der einzelnen Parameter

Parameter	Bedeutung	Bezeichnung in PSpice
DC	zusätzliche Gleichspan- nungs- bzw. -stromquelle	DC-specification
AC	zusätzliche Wechselspan- nungs- bzw. -stromquelle	AC-specification
t0	Zeitpunkt 0	time at corner 0
v0 (i0)	Spannung z. Zeitpunkt 0 (Strom zum Zeitpunkt 0)	voltage at corner 0 (current at corner 0)
t1	Zeitpunkt 1	time at corner 1
v1 (i1)	Spannung z. Zeitpunkt 1 (Strom zum Zeitpunkt 1)	voltage at corner 1 (current at corner 1)
...	....	.....

3.2.5.3 Unabhängige Spannungs- bzw. Stromquellen mit frequenzmoduliertem Ausgang

Diese Quellen erzeugen eine sinusförmige frequenzmodulierte Ausgangsspannung bzw. -strom. Sie stehen unter der Bezeichnung

VSFFM

als Spannungsquelle bzw. unter

ISFFM

als Stromquelle zur Verfügung.

Ein Doppelklick mit der linken Maustaste auf das Bauteilsymbol öffnet das Statusdialogfenster, in das die jeweiligen Parameter eingetragen werden können.

Anmerkung: Auch bei dieser Quellenart sind die Parameter AC und DC in der Parameterliste aufgeführt. Der Parameter AC kann für eine AC-Analyse benutzt werden. Der Parameter DC hat für die Nutzung dieser Quelle keine Bedeutung.

Die entstehende Ausgangsspannung kann mathematisch beschrieben werden durch:

$$voff \; + \; vampl \bullet \sin[2\pi \bullet fc \bullet t \; + \; mod \bullet \sin(2\pi \bullet fm \bullet t)]$$

Für den Ausgangsstrom gilt der Sachverhalt analog.

Para-meter	Bedeutung	PSpice-Bezeichnung	Ein-heit	Ersatzwert
voff (ioff)	Gleichspan-nungsanteil (Gleichstrom-anteil)	offset voltage (offset current)	V (A)	--- ---
vampl (iampl)	Spitzen-spannung (Spitzenstrom)	peak amplitude of voltage (... of current)	V (A)	--- ---
fc	Träger-frequenz	carrier frequency	Hz	1 / TSTOP*

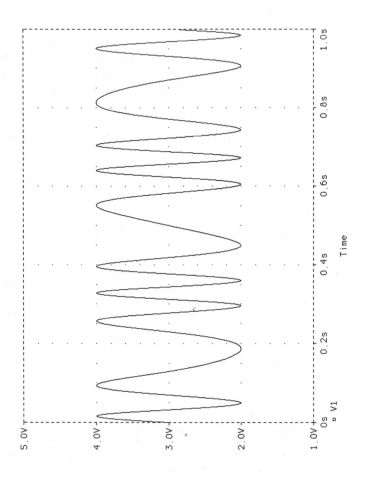

Abbildung 3.2.5.3-1: Beispiel für eine frequenzmodulierte Spannung

Para-meter	Bedeutung	PSpice-Bezeichnung	Ein-heit	Ersatzwert
mod	Modulations-grad	modulation index	---	---
fm	Modulations-frequenz	modulation frequency	Hz	1 / TSTOP*

*TSTOP wird aus einer evtl. vorhandenen Transient-Analyse (Zeit-analyse) entnommen.

Für den Spannungsverlauf nach Abbildung 3.2.5.3-1 wurden folgende Parameter verwendet: voff=3V, vampl=1V, fc=10Hz, mod=2, fm=3Hz.

3.2.5.4 Unabhängige Spannungs- bzw. Stromquellen mit ab-klingendem sinusförmigen Verlauf

Diese Quelle erzeugt eine abklingende sinusförmige Ausgangsspan-nung (-strom). Sie steht unter der Bezeichnung

VSIN

als Spannungsquelle bzw. unter

ISIN

als Stromquelle zur Verfügung.

Ein Doppelklick mit der linken Maustaste auf das Bauteilsymbol öffnet das Statusdialogfenster, in das die jeweiligen Parameter eingetragen werden können.

Parameter	Bedeutung	Bezeichnung in PSpice
voff (ioff)	Gleichspannungsanteil (Gleichstromanteil)	offset voltage (offset current)
vampl (iampl)	Spitzenspannung (Spitzenstrom)	peak amplitude of voltage (peak amplitude of current)
freq	Frequenz	frequency
td	Verzögerung beim Start	delay
df	Dämpfungsfaktor	damping factor
phase	Phase	phase

In Abbildung 3.2.5.4-1 ist die Bedeutung der einzelnen Parameter nochmals dargestellt.

Für einen Spannungsverlauf, wie er in dieser Abbildung gezeigt ist, sind folgende Parameter einzugeben: voff=3V, vamp=2V, freq= 0.5Hz, td=2s, df=0.5, phase=0.

Anmerkung 1: Diese Spannungsquelle kann so nur für eine Zeitanalyse der Schaltung verwendet werden. Für eine Frequenzanalyse muß zusätzlich dem Parameter AC ein Wert zugewiesen werden (Stromquelle analog).

Anmerkung 2: Mit obigen Parametern und den Parametern DC und AC kann eine Quelle mit definiertem Einschwingverhalten erzeugt werden (Stromquelle analog).

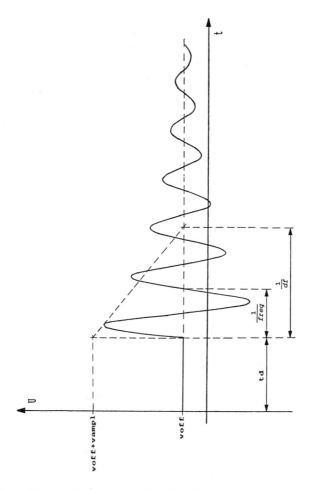

Abbildung 3.2.5.4-1: Bedeutung der einzelnen Parameter

3.3 Gesteuerte Quellen (linear)

Gesteuerte Quellen sind ideale Quellen, deren Ausgangsgrößen von einer zweiten Größe (Spannung oder Strom) und einem zusätzlichen Steuerfaktor linear abhängen. Die Steuerspannung bzw. der Steuerstrom wird hierbei leistungslos abgenommen, d.h. die gesteuerte Quelle ist nicht wirklich an die Abnahmepunkte angeschlossen.

3.3.1 Spannungsgesteuerte Spannungsquellen

Eine spannungsgesteuerte Spannungsquelle steht in Schematics unter der Bauteilbezeichnung

E

zur Verfügung (vgl. Kapitel 3.1).

Im Statusdialogfenster dieser Quelle kann der Steuerfaktor (Gain) als einziger Parameter eingegeben werden.

Die Ausgangsspannung ergibt sich demnach zu:

Ausgangsspannung = Steuerspannung x Steuerfaktor (Gain)

In Beispiel 3.3.1-1 ist eine Schaltung mit einer spannungsgesteuerten Spannungsquelle dargestellt.

Anmerkung 1: Beim Einsatz dieser Quelle ist darauf zu achten, daß alle vier Anschlüsse belegt sind.

Anmerkung 2: Es ist auch möglich, nichtlineare Steuerfaktoren einzugeben. Leider kann im Rahmen dieses Buches nicht
darauf eingegangen werden; der interessierte Leser
muß hier auf das Originalhandbuch verwiesen werden.

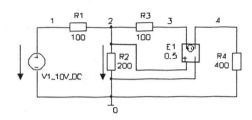

Beispiel 3.3.1-1

3.3.2 Spannungsgesteuerte Stromquellen

Eine spannungsgesteuerte Stromquelle steht in Schematics unter der
Bauteilbezeichnung

G

zur Verfügung (vgl. Kapitel 3.1).

Im Statusdialogfenster dieser Quelle kann der Steuerleitwert (Gain)
in Siemens als einziger Parameter eingegeben werden.

Der Ausgangsstrom ergibt sich demnach zu:

Ausgangsstrom = Steuerspannung x Steuerleitwert (Gain)

In Beispiel 3.3.2-1 ist eine Schaltung mit einer spannungsgesteuerten Stromquelle dargestellt.

Anmerkung 1: Beim Einsatz dieser Quelle ist darauf zu achten, daß alle vier Anschlüsse belegt sind.

Anmerkung 2: Es ist auch möglich, nichtlineare Steuerleitwerte einzugeben. Leider kann im Rahmen dieses Buches nicht darauf eingegangen werden; der interessierte Leser muß hier auf das Originalhandbuch verwiesen werden.

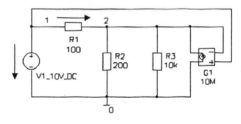

Beispiel 3.3.2-1

3.3.3 Stromgesteuerte Spannungsquellen

Eine stromgesteuerte Spannungsquelle steht in Schematics unter der Bauteilbezeichnung

H

zur Verfügung (vgl. Kapitel 3.1).

Im Statusdialogfenster dieser Quelle kann der Steuerwiderstand (Gain) in Ohm als einziger Parameter eingegeben werden.

Die Ausgangsspannung ergibt sich demnach zu:

Ausgangsspannung = Steuerstrom x Steuerwiderstand (Gain)

In Beispiel 3.3.3-1 ist eine Schaltung mit einer stromgesteuerten Spannungsquelle dargestellt.

Anmerkung 1: Beim Einsatz dieser Quelle ist darauf zu achten, daß alle vier Anschlüsse belegt sind.

Anmerkung 2: Bei dieser Quelle muß der steuernde Strom durch eine Spannungsquelle (VXXX...) fließen. Daher fügt MicroSim PSpice automatisch eine zusätzliche Quelle mit der Spannung 0V in die Netzliste ein.

Anmerkung 3: Es ist auch möglich, nichtlineare Steuerwiderstände einzugeben. Leider kann im Rahmen dieses Buches nicht darauf eingegangen werden; der interessierte Leser muß hier auf das Originalhandbuch verwiesen werden.

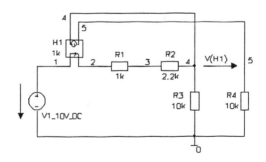

Beispiel 3.3.3-1

3.3.4 Stromgesteuerte Stromquellen

Eine stromgesteuerte Stromquelle steht in Schematics unter der Bauteilbezeichnung

F

zur Verfügung (vgl. Kapitel 3.1).

Im Statusdialogfenster dieser Quelle kann der Steuerfaktor (Gain) als einziger Parameter eingegeben werden.

Der Ausgangsstrom ergibt sich demnach zu:

Ausgangsstrom = Steuerstrom x Steuerfaktor (Gain)

In Beispiel 3.3.4-1 ist eine Schaltung mit einer stromgesteuerten Stromquelle dargestellt.

Anmerkung 1: Beim Einsatz dieser Quelle ist darauf zu achten, daß alle vier Anschlüsse belegt sind.

Anmerkung 2: Bei dieser Quelle muß der steuernde Strom durch eine Spannungsquelle (VXXX...) fließen. Daher fügt MicroSim PSpice automatisch eine zusätzliche Quelle mit der Spannung 0V in die Netzliste ein.

Anmerkung 3: Es ist auch möglich, nichtlineare Steuerfaktoren einzugeben. Leider kann im Rahmen dieses Buches nicht darauf eingegangen werden; der interessierte Leser muß hier auf das Originalhandbuch verwiesen werden.

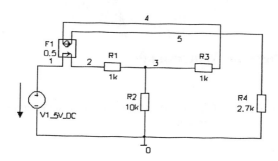

Beispiel 3.3.4-1

3.4 Passive Bauelemente

3.4.1 Ohmsche Widerstände

Wie in früheren Kapiteln bereits erwähnt steht in Schematics der Widerstand unter dem Buchstaben

R

zur Verfügung.

Ein Doppelklick mit der linken Maustaste auf das Bauteil öffnet das Statusdialogfenster, in das die Parameter Value, Tolerance und PKGREF eingetragen werden können.

Bei Value ist der gewünschte Widerstandswert, bei PKGREF der gewünschte Bauteilname einzutragen. Soll nach Eingabe der Schaltung eine Monte Carlo-Analyse durchgeführt oder die Schaltungsdaten an ein Layout-Programm übergeben werden, so kann man die Bauteiltoleranz in Prozent beim Parameter Tolerance eintragen. Wird der Parameter Tolerance benutzt, so wird in der Netzliste automatisch ein Modell für den Widerstand mit dem Parameter Tolerance erstellt.

Bei der diesem Buch zugrunde liegenden Version 6.2 wurde beim Widerstand auf die Aufnahme des Temperaturkoeffizienten TC in das Statusdialogfenster verzichtet. Dieser Parameter wird benötigt, wenn der Widerstand bei der späteren Simulation eine Temperaturabhängigkeit aufweisen soll. Für die Benutzer älterer Versionen von PSpice oder Design Center sei hier nochmals die Syntax für den Temperaturkoeffizienten erwähnt:

TC = TC1, TC2.

TC1 steht für den linearen, TC2 für den quadratischen Temperaturkoeffizienten. Der Widerstandswert R bei angegebenen Temperaturkoeffizienten berechnet sich dann zu:

$$R_T = R_{Tnom} \times [1 + TC1 \times (T-T_{nom}) + TC2 \times (T-T_{nom})^2]$$

wobei die Normaltemperatur T_{nom} im Setup-Menü der verschiedenen Analysearten eingestellt werden kann. Die Voreinstellung ist 27°C.

Obwohl in PSpice ein genaueres Widerstandsmodell erstellt werden kann, ist diese Möglichkeit in Schematics nicht berücksichtigt. Es ist zwar möglich, ein solches Bauteilmodell nachträglich einzubauen, doch würde eine genaue Beschreibung dieser Prozedur den Rahmen dieses Buches sprengen. Eine vielleicht einfachere Möglichkeit, ein Modell eines Widerstandes zu erhalten, besteht darin, für den Parameter Tolerance 0 % einzutragen. Nun wird bei der Generierung der Netzliste automatisch ein Modell für den Widerstand erstellt. Dieses Modell kann dann vervollständigt werden (dies ist mit dem Editor möglich, der unter dem Menüpunkt *Examine Netlist* im Hauptmenü *Analysis* aufgerufen wird). Allerdings erfordert dies eine genaue Kenntnis des Aufbaus einer PSpice-Netzliste. In diesem Zusammenhang sei auf das Literaturverzeichnis im Anhang verwiesen.

Der Vollständigkeit halber zeigt die nachfolgende Tabelle die möglichen Parameter für ein solches Widerstandsmodell:

Parameter	Bedeutung	Ersatzwert
r*	Multiplikationsfaktor	1
TC1	Linearer Temperaturkoeffizient	0

TC1 = 50 ppm für Metallschicht

Parameter	Bedeutung	Ersatzwert
TC2	Quadratischer Temperaturkoeffizient	0
TCE	Exponentieller Temperaturkoeffizient	0

* Dieser Parameter wird hauptsächlich für die Simulation integrierter Schaltungen verwendet.

Bei einem Widerstandsmodell, bei dem TCE nicht angegeben ist, berechnet sich der Widerstandswert R wie folgt:

$$R_T = R_{Tnom} \times r \times [1 + TC1 \times (T - T_{nom}) + TC2 \times (T - T_{nom})^2]$$

Wird ein Wert für TCE angegeben, dann gilt:

$$R_T = R_{Tnom} \times r \times 1{,}01^{TCE \times (T - T_{nom})}$$

Anmerkung 1: Der Widerstand (value) kann einen positiven oder negativen Wert annehmen; dieser darf jedoch nicht Null sein!

Anmerkung 2: Der Widerstand R_var, den man ebenfalls in der Bibliothek findet, kann eingesetzt werden, um ein Potentiometer in die Schaltung aufzunehmen. Das Bauteil kann jedoch nicht ohne weiteres zur Simulation eines Potentiometers im Sinne eines veränderlichen Bauteiles benutzt werden, sondern ist vielmehr zur Aufnahme eines Potentiometers in ein späteres Layout ge-

dacht. Bei der Simulation wird R_var wie ein normaler Widerstand behandelt. Hierbei wird der Widerstandswert für R_var wie folgt berechnet:

R_var = value • set + 0,001Ω.

value = Maximalwert,
set = Einstellung zwischen 0 und 1

Zur Simulation eines veränderlichen Bauteiles mit
PSpice sei auf Kapitel 3.6 verwiesen.

3.4.2 Kondensatoren

In Schematics kann der Kondensator mit dem Buchstaben

C

aufgerufen werden.

Ein Doppelklick mit der linken Maustaste auf das Bauteil öffnet das
Statusdialogfenster, in das die Parameter Value, IC, Tolerance und
PKGREF eingetragen werden können.

Bei Value ist die gewünschte Kapazität, bei PKGREF der gewünschte Bauteilname einzutragen. Der Parameter IC (inital condition) kann eingetragen werden, wenn der Kondensator zum Zeitpunkt Null (Einschaltmoment) eine bestimmte Vorspannung haben
soll. Diese Vorspannung wird bei der Berechnung des Geichstrom-
Arbeitspunktes (bias point calculation) berücksichtigt. Soll nach Eingabe der Schaltung eine Monte Carlo-Analyse durchgeführt oder die

Schaltungsdaten an ein Layout-Programm übergeben werden, so kann man die Bauteiltoleranz in Prozent beim Parameter Tolerance eintragen. Wird der Parameter Tolerance benutzt, so wird in der Netzliste automatisch ein Modell für den Kondensator mit dem Parameter Tolerance erstellt.

Obwohl in PSpice auch ein genaueres Modell für den Kondensator erstellt werden kann, ist diese Möglichkeit in Schematics nicht berücksichtigt. Es ist zwar möglich, ein solches Bauteilmodell nachträglich einzubauen, doch würde eine genaue Beschreibung dieser Prozedur den Rahmen dieses Buches sprengen. Eine vielleicht einfachere Möglichkeit, ein Modell eines Kondensators zu erhalten, besteht darin, für den Parameter Tolerance 0 % einzutragen. Nun wird bei der Generierung der Netzliste ein Modell für den Kondensator erstellt. Dieses Modell kann nun vervollständigt werden (dies ist mit dem Editor möglich, der unter dem Menüpunkt *Examine Netlist* im Hauptmenü *Analysis* aufgerufen wird). Allerdings erfordert dies eine genaue Kenntnis des Aufbaus einer PSpice-Netzliste. In diesem Zusammenhang sei auf das Literaturverzeichnis im Anhang verwiesen.

Der Vollständigkeit halber zeigt die nachfolgende Tabelle die möglichen Parameter für ein solches Kondensatormodell:

Parameter	Bedeutung	Ersatzwert
c^*	Multiplikationsfaktor	1
VC1	Linearer Spannungskoeffizient	0
VC2	Quadratischer Spannungskoeffizient	0
TC1	Linearer Temperaturkoeffizient	0
TC2	Quadratischer Temperaturkoeffizient	0

*Dieser Parameter wird hauptsächlich für die Simulation integrierter Schaltungen verwendet.

Beim Kondensatorenmodell berechnet sich die Kapazität C wie folgt:

$$C_{T,\,V} = C_{Tnom,\,0} \times c \times (1 + VC1 \times V + VC2 \times V^2) \times$$

$$[1 + TC1 \times (T - T_{nom}) + TC2 \times (T - T_{nom})^2]$$

Anmerkung 1: Es ist auch die Eingabe einer nichtlinearen Kapazität möglich. Hier sei der interessierte Leser wieder einmal auf die Literaturhinweise sowie auf die Handbücher zu PSpice bzw. zu Design Center verwiesen.

Anmerkung 2: Der Kondensator C_var, den man auch in der Bibliothek findet, kann eingesetzt werden, um einen einstellbaren Kondensator in die Schaltung aufzunehmen. Das Bauteil kann jedoch nicht ohne weiteres zur Simulation eines Potentiometers im Sinne eines veränderlichen Bauteiles benutzt werden, sondern ist vielmehr zur Aufnahme eines Potentiometers in ein späteres Layout gedacht. Bei der Simulation wird C_var wie ein normaler Kondensator behandelt. Hierbei wird der Kapazitätswert für C_var wie folgt berechnet:

C_var = value • set + 0,001pF.

value = Maximalwert,
set = Einstellung zwischen 0 und 1

Zur Simulation eines veränderlichen Bauteiles mit PSpice sei auf Kapitel 3.6 verwiesen.

3.4.3 Spulen

In Schematics können Spulen mit dem Buchstaben

L

aufgerufen werden.

Ein Doppelklick mit der linken Maustaste auf das Bauteil öffnet das Statusdialogfenster, in das die Parameter Value, IC, Tolerance und PKGREF eingetragen werden können.

Bei Value ist die gewünschte Induktivität, bei PKGREF der gewünschte Bauteilname einzutragen. Der Parameter IC (initial condition) kann eingetragen werden, wenn die Spule zum Zeitpunkt Null (Einschaltmoment) eine bestimmte Vorspannung haben soll. Diese Vorspannung wird bei der Berechnung des Gleichstrom-Arbeitspunktes (bias point calculation) berücksichtigt. Soll nach Eingabe der Schaltung eine Monte Carlo-Analyse durchgeführt oder die Schaltungsdaten an ein Layout-Programm übergeben werden, so kann man die Bauteiltoleranz in Prozent beim Parameter Tolerance eintragen. Wird dieser Parameter benutzt, so wird in der Netzliste automatisch ein Modell für die Spule mit dem Parameter Tolerance erstellt.

Obwohl in PSpice auch ein genaueres Modell für die Spule erstellt werden kann, ist diese Möglichkeit in Schematics nicht berücksichtigt. Es ist zwar möglich, ein solches Bauteilmodell nachträglich einzubauen, doch würde eine genaue Beschreibung dieser Prozedur den Rahmen dieses Buches sprengen. Eine vielleicht einfachere Möglichkeit, ein Modell einer Spule zu erhalten, besteht darin, für den Parameter Tolerance 0 % einzutragen. Nun wird bei der Generierung der Netzliste ein Modell für die Spule erstellt. Dieses Modell kann nun vervollständigt werden (dies ist mit dem Editor möglich, der unter dem Menüpunkt *Examine Netlist* im Hauptmenü *Analysis* aufgerufen wird). Allerdings erfordert dies eine genaue Kenntnis des Aufbaus einer PSpice-Netzliste. In diesem Zusammenhang sei auf das Literaturverzeichnis im Anhang verwiesen.

In der *eval.slb* befinden sich einige Modelle für nichtlineare Spulen.

Der Vollständigkeit halber zeigt die nachfolgende Tabelle die möglichen Parameter für ein solches Spulenmodell:

Parameter	Bedeutung	Ersatzwert
l*	Multiplikationsfaktor	1
IL1	Linearer Stromkoeffizient	0
IL2	Quadratischer Stromkoeffizient	0
TC1	Linearer Temperaturkoeffizient	0
TC2	Quadratischer Temperatur-koeffizient	0

*Dieser Parameter wird hauptsächlich für die Simulation integrierter Schaltungen verwendet.

Wenn ein Spulenmodell benutzt wird, berechnet sich die Induktivität L wie folgt:

$$L_{T,\,V} = L_{Tnom,\,0} \times I \times (1 + IL1 \times I + IL2 \times I^2) \times$$

$$[1 + TC1 \times (T - T_{nom}) + TC2 \times (T - T_{nom})^2]$$

Anmerkung: Die Spule kann einen positiven oder negativen Induktivitätswert annehmen; dieser darf jedoch nicht Null sein.

3.4.4 Übertrager

Anders als beim klassischen PSpice, wo ein Übertrager nur durch einen Kopplungsfaktor K und die dazugehörigen Spulen definiert werden kann, steht in Schematics ein Übertrager unter der Bezeichnung

XFRM_LINEAR

zur Verfügung.

Ein Doppelklick mit der linken Maustaste auf das Bauteil öffnet das Statusdialogfenster, in das die Parameter COUPLING, L1_VALUE, L2_VALUE und PKGREF eingetragen werden können.

COUPLING stellt hierbei den Kopplungsfaktor zwischen den Spulen dar. Dieser muß zwischen 0 und 1 liegen, wobei die beiden Eckwerte nicht zulässig sind. L1_VALUE ist der Induktivitätswert der ersten, L2_VALUE der Induktivitätswert der zweiten Spule. Bei PKGREF ist der gewünschte Bauteilname einzutragen.

Anmerkung 1: Die beiden Spulen dieses Übertragers sind immer gleichsinnig gewickelt. Um einen gegensinnig gewickelten Übertrager zu simulieren, sind die Anschlüsse einer Spule zu vertauschen.

Anmerkung 2: Unter PSpice ist es möglich, ein Modell eines Übertragers zu erstellen, um Streuungen und magnetische Verluste einzubeziehen. In Schematics ist kein derartiges Modell vorgesehen. Die interessierten Leser seien hier auf das Handbuch von PSpice verwiesen.

3.4.5 Leitungen

3.4.5.1 Verlustfreie Leitungen

Leitungslänge, Impedanz und Verkürzungsfaktor spielen bei hohen Frequenzen und speziell in der HF-Technik eine große Rolle. In Schematics steht eine verlustfreie Leitung unter dem Buchstaben

T

zur Verfügung.

Ein Doppelklick mit der linken Maustaste auf das Bauteil öffnet das Statusdialogfenster, in das die Parameter PKGREF, Z0, TD, F und NL eingetragen werden können.

Bei PKGREF ist die gewünschte Bezeichnung der Leitung einzutragen. Z0 ist die Leitungsimpedanz, TD die Verzögerungszeit der Leitung, F die Frequenz und NL die normierte Leitungslänge.

Die Länge der Leitung wird durch die Laufzeit TD des Signales oder durch die normierte Leitungslänge NL bei der Frequenz F festgelegt.

Der Zusammenhang ist wie folgt:

$$TD = \frac{NL}{F} \quad und \quad NL = \frac{L}{\lambda}$$

wobei L die Länge der Leitung ist. Der Ersatzwert für NL ist 0,25 (entsprechend einer $\lambda/4$-Leitung).

76

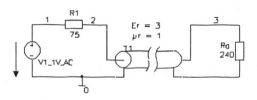

Beispiel 3.4.5.1-1

Für diese Leitung gelten die Parameter

PKGREF	=	T1
Z0	=	75 Ohm
TD	=	28.86ns

Dieselbe Leitung kann auch wie folgt angegeben werden:

PKGREF	=	T1
Z0	=	75 Ohm
F	=	10 MEG
NL	=	0.288675

Anmerkung: Während einer Zeitanalyse (transient analysis) ist das interne Zeitintervall auf Werte $\leq$ TD/2 beschränkt, was bei kurzen Leitungen und langen Analysezeiten zu langen Rechenzeiten führt.

3.4.5.2 Verlustbehaftete Leitungen

Leitungslänge, Impedanz und Verkürzungsfaktor spielen bei hohen Frequenzen und speziell in der HF-Technik eine große Rolle. In

Schematics steht eine verlustbehaftete Leitung unter der Bezeichnung

TLOSSY

zur Verfügung.

Ein Doppelklick mit der linken Maustaste auf das Bauteil öffnet das Statusdialogfenster, in das die Parameter PKGREF, R, L, G, C und LEN eingetragen werden können.

Bei PKGREF ist die gewünschte Bezeichnung der Leitung einzutragen. Die restlichen Parameter sind wie folgt definiert:

Para-meter	Beschreibung	Einheit
R	Widerstandsbelag der Leitung	Ohm/Längeneinheit
L	Induktivitätsbelag der Leitung	Henry/Längeneinheit
G	Verlustleitwert der Leitung pro Längeneinheit	Ohm/Längeneinheit
C	Kapazitätsbelag der Leitung	Farad/Längeneinheit
LEN	Elektrische Länge der Leitung	Längeneinheit

LEN kann prinzipiell in einer beliebigen Längeneinheit angegeben werden; die Leitungsbeläge müssen jedoch dieser Längeneinheit entsprechen. D.h., wenn LEN in km angegeben wird, so muß die Längeneinheit von R, L, G und C ebenfalls km sein.

3.5 Halbleiterbauelemente

Für Halbleiterbauelemente ist in PSpice ein Bauteilmodell vorgesehen. Man erhält diese Modellbeschreibung unter dem Hauptmenüpunkt *Edit* und dem Untermenüpunkt *Model*.

Achtung: ► Vor dem Aufruf dieser Modellbeschreibung muß die Schaltung gespeichert worden sein.

► Das Bauteil, dessen Modellbeschreibung man bearbeiten möchte, muß angewählt sein (Anwählen durch einmaliges Anklicken des Bauteils mit der linken Maustaste).

Das Fenster *Edit Model* bietet drei Auswahlmöglichkeiten:

1. *Change Model Reference:* Hier kann die Bezeichnung des Bauteilmodells geändert werden. Dies ist jedoch nur sinnvoll, wenn bereits ein Bauteilmodell mit einer solchen Bezeichnung existiert. Sollte kein entsprechendes Modell existieren, wird beim Versuch, das Bauteilmodell mit *Edit Instance Model (Text)* oder *Edit Instance Model (Parts)* zu editieren, zurück zu Schematics geschaltet. Auch nach Auswahl und Editieren der Bezeichnung wird zunächst zu Schematics umgeschaltet. Zum Editieren des Bauteilmodells muß der Menüpunkt *Model* erneut angewählt werden.

2. *Edit Instance Model (Text)*: Bei Anwahl dieses Punktes erscheint der *Model Editor* (s. Abb. 3.5-1). Links oben stehen das Bauteilmodell und die zugehörige Modellbibliothek. Rechts wird angezeigt, in welches Verzeichnis dieses Modell beim Speichern abgelegt wird. Dort legt Schematics eine Bibliotheksdatei (library) an, die die Schaltungsbezeichnung trägt. Ände-

rungen des Originalmodells werden in einer neuen Bibliothek abgelegt, das Originalmodell wird nicht verändert. Dies bietet dem Benutzer die Möglichkeit, die Bauteileigenschaften neu zu definieren. Dies ist vorteilhaft, da ein beliebiges Bauteil verwendet und abgeändert werden kann.

3. *Edit Instance Model (Parts)*: Bei Anwahl dieses Punktes wird das Programm **Parts** aufgerufen, mit dem es möglich ist, Bauteilparameter zu verändern und sich die Kennlinien des Bauteiles anzeigen zu lassen. Mit Hilfe dieses Programmes kann das Modell eines Bauteiles erstellt werden, wenn die gewünschten Kennlinien des Bauteiles bekannt sind. Nachdem die Parameter angepaßt wurden, kann das Bauteilmodell gespeichert werden. Auf eine ausführliche Beschreibung dieses Programmes muß hier aus Platzgründen leider verzichtet werden. Es sei jedoch erwähnt, daß das Programm Parts in der Demoversion auf die Modellierung von Dioden beschränkt ist.

In der Praxis werden häufig verschiedene Modelle eines Bauteiltyps in derselben Schaltung benötigt (verschiedene Transistoren oder Dioden usw.). Deshalb sei im folgenden kurz auf die Bauteilerstellung in Schematics eingegangen. Zum besseren Verständnis wird die Erstellung eigener Bauteile anhand eines konkreten Beispieles erklärt. Willkürlich wurde hierfür eine Diode vom Typ 1N4007 gewählt.

Selbsterstellte Bauteile

Unter dem Schematics-Hauptmenüpunkt *File* wählt man den Untermenüpunkt *Edit Library* an. Es erfolgt ein Wechsel von Schematics zum Library Editor. Dort erscheint eine neue Menüzeile mit neuen Hauptmenüpunkten. Unter dem Hauptmenüpunkt *Part* ist nun *Copy* anzuwählen. Es erscheint das Dialogfenster *Copy Part*. Mit *Select Lib* auf der linken Seite des Dialogfensters kann man aus den mitgeliefer-ten Bibliotheken auswählen. Da in der Bibliothek *eval.slb* die Diode 1N4148 vorhanden ist, wird diese als Vorlage verwendet. Im Dialogfenster *Copy Part* befindet sich rechts eine Liste der in der *eval.slb* vorhandenen Bauteile. Hier wird nun die Diode D1N4148 durch Doppelklick mit der linken Maustaste angewählt. Auf dem Bildschirm erscheint die Zeichnung der Diode und kann verändert werden. Da ein neuer Typ unter Beibehaltung des Diodensymbols hinzugefügt werden soll, ist der Hauptmenüpunkt *Part* und dessen Untermenüpunkt *Attributes* anzuwählen. Im nun erscheinenden Dialogfenster können alle Parameter, wie Bauteilbezeichnung oder Modellname, verändert werden: Im rechten Feld wird die Zeile *PART=D1N4148* angewählt und im Feld *Value* der Bauteiltyp in D1N4007 geändert. Die neue Bezeichnung muß mit *Save Attr* bestätigt werden. Analog dazu werden auch die Zeilen *Model* und *Component* geändert. Durch Anklicken von *OK* wird das Dialogfenster geschlossen.

Nach erneutem Anwählen des Hauptmenüpunktes *Part* und dessen Untermenüpunkt *Definition* erscheint das gleichnamige Dialogfenster. Hier können nun im Feld *Description* eine kurze Bauteilbeschreibung und im Feld *Part Name* die neue Bezeichnung (hier D1N4007) des Bauteiles eingetragen werden. Im darunter liegenden Feld *Type* kann der Typ des neu erstellten Teiles festgelegt werden. Da es sich in unserem Beispiel um ein neues Bauteil handelt, kann der voreingestellte Typ *Component* belassen werden. Mit *OK* wird dieses Dialogfenster wieder geschlossen.

Um die Änderungen zu speichern, wird erneut der Hauptmenüpunkt *Part* und dessen Untermenüpunkt *Save to Library* angewählt. Das Dialogfenster *Open*, in dem links die Bibliotheken aufgelistet sind, erscheint, und durch Doppelklick auf *eval.slb* wird das neue Bauteil D1N4007 dort abgespeichert. Es kann auch eine andere Bibliothek eingegeben werden.

Für das neue Bauteil muß noch eine Modelldefinition erstellt werden. Hierzu findet man unter dem Hauptmenüpunkt *Edit*, Untermenüpunkt *Model*, Dialogfenster *Edit Model*, Schaltfläche *Edit Model Text* das Dialogfenster *Model Editor*. Hier können die Bauteilparameter eingetragen werden. In Abb. 3.5-1 ist dieses Dialogfenster dargestellt.

Achtung: Die Syntax, in der die Parameter eingetragen werden, ist sehr wichtig! Der Eintrag sollte wie folgt aussehen:
.MODEL <Modellname> <Bauteiltyp> (<Parameterliste>)
wobei der Modellname in unserem Beispiel D1N4007 ist und der Bauteiltyp D für Diode steht (vgl. Abb. 3.5-1).
Danach kann in jeder Zeile ein entsprechender Parameter eingetragen werden. Die möglichen Parameter kann man den Tabellen in den entsprechenden Kapiteln über die einzelnen Bauteile entnehmen. Die Parameterliste muß zwischen runden Klammern "( )" stehen.
Davor und danach können beliebig viele Kommentarzeilen eingefügt werden, die aber alle mit einem Stern "*" beginnen müssen.

Nach dem Eintrag der Parameter ist noch rechts oben im Feld *Save to* die Bibliothek einzugeben, in die das erstellte Bauteil eingefügt werden soll. Hier sollte z.B. die *eval.lib* oder eine eigene Bibliothek benutzt werden. Diese ist vorab mit dem *File Manager* im entsprechenden Verzeichnis zu erstellen. Es genügt beispielsweise, eine Datei *User.lib* im Verzeichnis *C:\MSIMEV\LIB* anzulegen.

Achtung: Die Bibliothek, in die das Schaltzeichen gespeichert wurde (hier *eval.slb*) und die der Modellparameter (hier *eval.lib*) müssen den gleichen Namen tragen (hier *eval*).

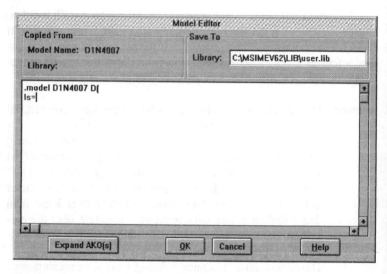

Abbildung 3.5-1: Dialogfenster *Model Editor*

Das Dialogfenster wird nun mit *OK* verlassen. Durch Auswahl des Hauptmenüpunktes *Windows* und des entsprechenden Schematics-Fensters kann zwischen der Schaltung und dem Library-Editor umgeschaltet werden. Der Library-Editor kann durch Schließen des Fensters verlassen werden.

Zur korrekten Beschreibung einer Schaltung mit Halbleitern benötigt PSpice (das Berechnungsprogramm) eine Modelldefinition. In dieser Modelldefinition müssen jedoch nicht unbedingt Parameter eingetragen sein. In diesem Fall benutzt PSpice die Ersatzwerte, die in den entsprechenden Tabellen aufgeführt sind.

3.5.1 Dioden

In der Demoversion von MicroSim PSpice sind in Schematics verschiedene Standarddioden unter den Bezeichnungen

D1N4148
D1N4002
MBD101

in der Bibliothek *eval.slb* verfügbar (mit *Browse* einzusehen).

Nachdem eine Diode auf der Arbeitsfläche plaziert wurde, kann durch Doppelklick mit der linken Maustaste auf die Bauteilbezeichnung (z.B. D1) diese geändert werden.

Für die Diode steht folgende Modellanweisung zur Verfügung:

.Model <Modellname> D (<Parameter>)

Folgende Parameter stehen für die Beschreibung der Diode zur Verfügung:

Parameterbezeichnung	Abkür-zung	Ein-heit	Ersatz-wert
Sättigungssperrstrom	IS	A	$1 \cdot 10^{-14}$
Emissionskoeffizient	N	---	1
Rekombinationsstrom	ISR	A	0
Emissionskoeffizient für ISR	NR	---	2
Kniestrom in Vorwärtsrichtung	IKF	A	∞

Parameterbezeichnung	Abkür-zung	Ein-heit	Ersatz-wert
Durchbruchsspannung	BV	V	∞
Strom bei BV	IBV	A	$1 \cdot 10^{-10}$
Durchbruchsfaktor für BV	NBV	---	1
Low-level Durchbruch-Kniestrom	IBVL	A	0
Low-level Durchbruchsfaktor	NBVL	---	1
Bahnwiderstand	RS	Ω	0
Transitzeit	TT	s	0
statische Sperrschichtkapazität	CJO	F	0
Diffusionsspannung	VJ	V	1
Gradationsexponent	M	---	0.5
Cg-Koeffizient im Durchlaßbereich	FC	---	0.5
Bandabstandsspannung	EG	eV	1.11
IS-Temperaturexponent	XTI	---	3
Temperaturkoeffizient für IKF (linear)	TIKF	$1/°C$	0
Temperaturkoeffizient für BV (linear)	TBV1	$1/°C$	0
Temperaturkoeffizient für BV (quadratisch)	TBV2	$1/°C^2$	0
Temperaturkoeffizient für RS (linear)	TRS1	$1/°C$	0

Parameterbezeichnung	Abkürzung	Einheit	Ersatz-wert
Temperaturkoeffizient für RS (quadratisch)	TRS2	$1/°C^2$	0
Funkelrauschkoeffizient	KF	---	0
Funkelrauschexponent	AF	---	1
gemessene Temperatur	T_MEASURED	°C	---
absolute Temperatur	T_ABS	°C	---
Temperatur relativ zum Strom	T_REL_GLOBAL	°C	---
Temperatur relativ zum AKO-Modell	T_REL_LOCAL	°C	---

wobei IBV als positiver Strom und BV als positive Spannung angegeben werden.

Anmerkung: Zur Simulation einer Z-Diode kann die in der Bibliothek *eval.slb* zur Verfügung stehende Diode D1N750 benutzt werden. Soll die Z-Diode nur näherungsweise simuliert werden, dann kann der Parameter BV (Rückwärts-Durchbruchsspannung) einer beliebigen Diode auf die gewünschte Z-Spannung gesetzt werden.

3.5.2 Transistoren

3.5.2.1 Bipolartransistoren

In der Demoversion von MicroSim PSpice sind in Schematics folgende Bipolartransistoren verfügbar:

NPN-Bipolartransistoren   Q2N2222, Q2N3904

PNP-Bipolartransistoren   Q2N2907A, Q2N3906

Sie befinden sich in der Bibliothek *eval.slb* (mit *Browse* einzusehen).

Für den Bipolartransistor stehen drei verschiede Modellanweisungen zur Verfügung:

.Model <Modellname> NPN (<Parameterliste>)
.Model <Modellname> PNP (<Parameterliste>)
.Model <Modellname> LPNP (<Parameterliste>)

Es ist wichtig, diese Anweisungen zu kennen, um eigene Modelle im Library Editor zu erstellen.

Für die Modelltypen NPN und PNP ist die Sperrschichtkapazität zwischen dem inneren Kollektor und dem Substrat angeschlossen. Dieses Modell stimmt sehr gut für vertikal aufgebaute Transistoren. Für horizontale IC-Strukturen gibt es ein drittes Modell (LPNP), bei dem die Sperrschichtkapazität zwischen der inneren Basis und dem Substrat liegt.

Folgende Parameter stehen für die Beschreibung des Bipolartransistors zur Verfügung:

Parameterbezeichnung	Abkürzung	Einheit	Ersatzwert
Transportsättigungsstrom	IS	A	$1 \cdot 10^{-16}$
max. Vorwärtsverstärkung (ideal)	BF	---	100
Vorwärts-Emissionskoeffizient	NF	---	1
Early-Spannung in Vorwärtsrichtung	VAF (VA)	V	∞
oberer Knickstrom d. Vorwärtsstromverstärkung	IKF (IK)	A	∞
Basis-Emitter-Leck-Sättigungsstrom	ISE (C2)	A	0
Basis-Emitter-Leck-Emissionskoeffizient	NE	---	1.5
max. Rückwärtsstromverstärkung (ideal)	BR	---	1
Emissionskoeffizient in Rückwärtsrichtung	NR	---	1
Early-Spannung in Rückwärtsrichtung	VAR (VB)	V	∞
oberer Knickstrom der Rückwärtsstromverstärkung	IKR	A	∞
Basis-Kollektor-Leck-Sättigungsstrom	ISC (C4)	A	0

Parameterbezeichnung	Abkürzung	Einheit	Ersatzwert
Basis-Kollektor-Leck-Emissionskoeffzient	NC	---	2
Hochstrom-roll-off-Koeffizient	NK	---	0.5
Substrat-Sättigungsstrom	ISS	A	0
Substrat-Emissionskoeffizient	NS	---	1
Emitter-Bahnwiderstand	RE	Ω	0
max. Basisbahnwiderstand *)	RB	Ω	0
minimaler Basisbahnwiderstand	RBM	Ω	RB
Strom, bei dem RB auf die Hälfte von RBM fällt	IRB	A	∞
Kollektor-Bahnwiderstand	RC	Ω	0
Basis-Emitter-Sperrschicht-kapazität *)	CJE	F	0
Basis-Emitter-Diffusions-spannung	VJE (PE)	V	0.75
Basis-Emitter-Gradations-exponent	MJE (ME)	---	0.33
Basis-Kollektor-Sperrschicht-kapazität *)	CJC	F	0
Basis-Kollektor-Diffusions-spannung	VJC (PC)	V	0.75
Basis-Kollektor-Gradations-exponent	MJC (MC)	---	0.33

Parameterbezeichnung	Abkürzung	Ein-heit	Ersatz-wert
Anteil von CJC zum inneren Basisanschluß	XCJC	---	1
Kollektor-Substrat-Sperr-schichtkapazität *)	CJS (CCS)	F	0
Kollektor-Substrat-Diffusions-spannung	VJS (PS)	V	0.75
Kollektor-Substrat-Gradations-exponent	MJS	---	0
Cg-Koeffizient im Durchlaß-bereich	FC	---	0.5
Vorwärts-Transitzeit (ideal)	TF	s	0
Vorwärts-Transitzeit stromabhängig	XTF	---	0
Transitzeit-Abhängigkeit von UBC	VTF	V	∞
Transitzeit-Abhängigkeit von IC	ITF	A	0
zusätzliche Phasendrehung	PTF	°	0
Rückwärts-Transitzeit	TR	s	0
Ladung in der epitaxialen Region	QCO	C	0
Widerstand in der epitaxialen Region	RCO	Ω	0

Parameterbezeichnung	Abkürzung	Einheit	Ersatzwert
Ladungsträger-Beweglichkeits-Kniespannung	VO	V	10
Doping-Faktor in der epitaxialen Region	GAMMA	---	$1 \bullet 10^{-11}$
Bandabstandsspannung	EG	eV	1.11
Vorwärts- und Rückwärts-beta-Temperaturkoeffizient	XTB	---	0
IS-Temperaturkoeffizient	XTI	---	3
RE-Temperaturkoeffizient (linear)	TRE1	1/°C	0
RE-Temperaturkoeffizient (quadratisch)	TRE2	1/°C²	0
RB-Temperaturkoeffizient (linear)	TRB1	1/°C	0
RB-Temperaturkoeffizient (quadratisch)	TRB2	1/°C²	0
RBM-Temperaturkoeffizient (linear)	TRM1	1/°C	0
RBM-Temperaturkoeffizient (quadratisch)	TRM2	1/°C²	0
RC-Temperaturkoeffizient (linear)	TRC1	1/°C	0
RC-Temperaturkoeffizient (quadratisch)	TRC2	1/°C²	0

Parameterbezeichnung	Abkürzung	Ein-heit	Ersatz-wert
Funkelrauschkoeffizient	KF	---	0
Funkelrauschexponent	AF	---	1
gemessene Temperatur	T_MEASURED	°C	---
absolute Temperatur	T_ABS	°C	---
Temperatur relativ zum Strom	T_REL_GLOBAL	°C	---
Temperatur relativ zum AKO-Modell	T_REL_LOCAL	°C	---

*) Angabe bei 0 Volt (Transistor nicht in Betrieb)

Wichtig: Bei den Modellparametern, die aus zwei Abkürzungen bestehen, wie z.B. VAF und VA (die zweite Möglichkeit steht in runden Klammern neben der ersten), können beide gleichberechtigt benutzt werden.

Sollten die Parameter ISE (C2) oder ISC (C4) größer als 1 gewählt werden, so werden sie als Multiplikationsfaktoren von IS aufgefaßt und nicht mehr als absolute Ströme, d.h. wenn ISE > 1 ist, dann gilt:

$$ISE = ISE \bullet IS \text{ (analog dazu ISC).}$$

Wird der Parameter RCO angegeben, so werden die Quasi-effekte mit einberechnet.

3.5.2.2 Sperrschicht-Feldeffekttransistoren

In der Demoversion von MicroSim PSpice sind in Schematics folgende Sperrschicht-Feldeffekttransistoren verfügbar:

> **J2N3819**
> **J2N4393**

Beide sind Verarmungstypen und befinden sich in der Bibliothek *eval.slb* (mit *Browse* einzusehen).

Für den Sperrschicht-FET stehen zwei verschiedene Modellanweisungen zur Verfügung:

> .Model <Modellname> NJF (<Parameterliste>)
> .Model <Modellname> PJF (<Parameterliste>)

Hierbei steht NJF für einen N-Kanal- und PJF für einen P-Kanal-FET.

Die Modellparameter für den Sperrschicht-Feldeffekttransistor sind:

Modellparameter	Abkürzung	Einheit	Ersatzwert
Abschnürspannung	VTO	V	-2.0
Übertragungsleitwertparameter	BETA	A/V	$1 \cdot 10^{-4}$
Kanallängen-Modulationswert	LAMBDA	1/V	0
Gate-Sättigungssperrstrom	IS	A	$1 \cdot 10^{-14}$

Modellparameter	Abkürzung	Einheit	Ersatzwert
Gate-Sperrschicht-Emissionskoeffizient	N	---	1
Gate-Sperrschicht-Rekombinationsstrom	ISR	A	0
ISR-Emissionskoeffizient	NR	---	2
Ionisationskoeffizient	ALPHA	1/V	0
Ionisationskniespannung	VK	V	0
Drain-Bahnwiderstand	RD	Ω	0
Source-Bahnwiderstand	RS	Ω	0
Gate-Drain-Sperrschichtkapazität *)	CGD	F	0
Gate-Source-Sperrschichtkapazität *)	CGS	F	0
Gate-Sperrschicht-Gradationskoeffizient	M	---	0.5
Gate-Sperrschicht-Diffusionsspannung	PB	V	1
Cj-Koeffizient für Durchlaßbereich	FC	---	0.5
VTO-Temperaturkoeffizient	VTOTC	V/°C	0
Exponentieller BETA-Temperaturkoeffzient	BETATCE	%/°C	0
IS-Temperaturkoeffizient	XTI	---	3

Modellparameter	Abkürzung	Ein-heit	Ersatz-wert
Funkelrauschkoeffizient	KF	---	0
Funkelrauschexponent	AF	---	1
gemessene Temperatur	T_MEASURED	°C	---
absolute Temperatur	T_ABS	°C	---
Temperatur relativ zum Strom	T_REL_GLOBAL	°C	---
Temperatur relativ zum AKO-Modell	T_REL_LOCAL	°C	---

*) Werte gemessen ohne Betriebsspannung

3.5.2.3 MOSFET

In der Demoversion von MicroSim PSpice sind in Schematics folgende MOSFETs verfügbar:

IRF150
IRF9140

Beide sind Anreicherungstypen und befinden sich in der Bibliothek *eval.slb* (mit *Browse* einzusehen).

Für den MOSFET stehen zwei verschiedene Modellanweisungen zur Verfügung:

.Model <Modellname> NMOS (<Parameterliste>)
.Model <Modellname> PMOS (<Parameterliste>)

Hierbei steht NMOS für einen N-Kanal und PMOS für einen P-Kanal-MOSFET.

PSpice bietet zur Simulation zusätzlich sechs weitere Modell-Typen für den MOSFET an. Die Auswahl dieser Modelle kann mit dem Modellparameter LEVEL (1 bis 6) getroffen werden (s. Modellparameterliste für alle sechs Modelle). Es existieren auch verschiedene Parameter für die einzelnen Modelle. Da das Auflisten und Erklären der individuellen Parameter für die verschiedenen Modelle jedoch den Rahmen dieses Buches sprengen würde, wird im folgenden nur eine Liste der gemeinsamen Parameter aller sechs Modelle wiedergegeben. Interessierte Leser seien auf weiterführende Literatur zu PSpice verwiesen.

Die Modelle und der zugehörige Level-Wert sind:

Level = 1: Das Shichman-Hodges-Modell

Level = 2: Das auf der Geometrie des FET basierende analytische Modell

Level = 3: Das semi-empirische Kurz-Kanal-Modell

Level = 4: Das BSIM-Modell

Level = 5: Das BSIM3-Modell (Version 1.0)

Level = 6: Das BSIM3-Modell (Version 2.0)

Für alle sechs Modelle gelten folgende Parameter:

Modellparameter	Abkürzung	Ein-heit	Ersatz-wert
Modellwahl	LEVEL	---	1
Kanallänge	L	m	DEFL
Kanalweite	W	m	DEFW
Drain-Bahnwiderstand	RD	Ω	0
Source-Bahnwiderstand	RS	Ω	0
Gate-Bahnwiderstand	RG	Ω	0
Substrat-Bahnwiderstand	RB	Ω	0
Drain-Source-Durchgangs-widerstand *)	RDS	Ω	∞
Drain-Source-Diffusions-oberflächenwiderstand	RSH	$\Omega/\blacksquare$	0
Substrat-Sättigungssperrstrom	IS	A	$1 \cdot 10^{-14}$
Substrat-Sättigungssperrstrom-dichte	JS	A/m²	0
Substrat-Sättigungssperrstrom an Kanalkanten / Kanallänge	JSSW	A/m	0
Substrat-Emissionskoeffizient	N	---	1
Substrat-Sperrschicht-Diffusionsspannung	PB	V	0.8
Substrat-Sperrschicht-Diffusionsspannung an den Kanal-kanten	PBSW	V	PB

Modellparameter	Abkürzung	Einheit	Ersatzwert
Substrat-Drain-Sperrschichtkapazität	CBD	F	0
Substrat-Source-Sperrschichtkapazität	CBS	F	0
Substrat-Boden-Sperrschichtkapazität / Sperrschichtfläche *)	CJ	F/m²	0
Substrat-Seitenwand-Kapazität / Substratlänge *)	CJSW	F/m	0
Substrat-Boden-Sperrschicht-Gradationsexponent	MJ	---	0.5
Substrat-Seitenwand-Sperrschicht-Gradationsexponent	MJSW	---	0.33
Koeffizient für Sperrschichtkapazität im Durchlaßbereich	FC	---	0.5
Substrat-Sperrschicht-Transitzeit	TT	s	0
Gate-Source-Überlappungskapazität / Kanalweite	CGSO	F/m	0
Gate-Drain-Überlappungskapazität / Kanalweite	CGDO	F/m	0
Gate-Substrat-Überlappungskapazität / Kanallänge	CGBO	F/m	0
Funkelrauschkoeffizient	KF	---	0
Funkelrauschexponent	AF	---	0

Modellparameter	Abkürzung	Ein-heit	Ersatz-wert
gemessene Temperatur	T_MEASURED	°C	---
absolute Temperatur	T_ABS	°C	---
Temperatur relativ zum Strom	T_REL_ GLOBAL	°C	---
Temperatur relativ zum AKO-Modell	T_REL_ LOCAL	°C	---

*) Werte bei spannungsfreiem MOSFET

3.5.2.4 GaAsFET

Leider enthält die Demoversion von MicroSim PSpice kein Beispiel eines GaAsFET. Trotzdem sind nachfolgend die nötigen Informationen zur Simulation eines GaAsFET angegeben.

Für den GaAsFET steht folgende Modellanweisung zur Verfügung:

.Model <Modellname> GASFET (<Parameterliste>)

Es gibt vier verschiedene Modelle des GaAsFETs. Diese können mit dem Modellparameter LEVEL (1 bis 4) ausgewählt werden (siehe nachfolgende Tabelle der Parameter). Es existieren auch verschiedene Parameter für die einzelnen Modelle. Da das Auflisten und Erklären der individuellen Parameter für die verschiedenen Modelle jedoch den Rahmen dieses Buches sprengen würde, wird im folgenden nur eine Liste der gemeinsamen Parametern für die Modelle 1 bis 3 wiedergegeben. Interessierte Leser seien auf weiterführende Literatur zu PSpice verwiesen.

Die Modelle und der zugehörige Level-Wert sind:

Level = 1: Das Curtice-Modell

Level = 2: Das Raytheon- oder Statz-Modell

Level = 3: Das TriQuint-Modell

Level = 4: Das Parker-Skellern-Modell

Tabelle der gemeinsamen Parameter für die Modelle 1 bis 3:

Modellparameter (Level 1, 2 oder 3)	Abkürzung	Einheit	Ersatzwert
Modellwahl	LEVEL	---	1
Abschnürspannung (alle)	VTO	V	-2.5
Sättigungsfaktor (alle)	ALPHA	1/V	2.0
Übertragungsleitwertparameter (alle)	BETA	A/V²	0.1
Dotierungsverlaufsparameter (2)	B	1/V	0.3
Kanallängen-Modulationswert (alle)	LAMBDA	1/V	0
Statischer Feedbackparameter (3)	GAMMA	---	0

Modellparameter (Level 1, 2 oder 3)	Abkürzung	Einheit	Ersatzwert
Ausgangs-Feedback-parameter (3)	DELTA	1/AV	0
Power-Law-Parameter (3)	Q	---	2
Leitungsstrom-Verzögerungszeit (alle)	TAU	s	0
Gate-Bahnwiderstand (alle)	RG	Ω	0
Drain-Bahnwiderstand (alle)	RD	Ω	0
Source-Bahnwiderstand (alle)	RS	Ω	0
Gate-Sättigungssperrstrom (alle)	IS	A	$1 \bullet 10^{-14}$
Gate-Emissionskoeffizient (alle)	N	---	1
Gate-Gradationskoeffizient (alle)	M	---	0.5
Gate-Sperrschicht-Potential (alle)	VBI	V	1.0
Gate-Drain-Sperrschicht-kapazität (alle)	CGD	F	0
Gate-Source-Sperrschicht-kapaziät (alle)	CGS	F	0
Vorwärts-Verarmungs-kapazitäts-Koeffizient (alle)	FC	---	0.5

Modellparameter (Level 1, 2 oder 3)	Abkürzung	Einheit	Ersatzwert
Kapazitäre Schwellspannung ("capacitance transition voltage") (2, 3)	VDELTA	V	0.2
Kapazitäre Maximalspannung ("capacitance limiting voltage") (2, 3)	VMAX	V	0.5
Bandabstandsspannung (alle)	EG	eV	1.11
IS-Temperaturkoeffizient (alle)	XTI	---	0
VTO-Temperaturkoeffizient (alle)	VTOTC	V/°C	0
Exponentieller BETA-Temperaturkoeffizient (alle)	BETATCE	%/°C	0
RG-Temperaturkoeffizient, linear (alle)	TRG1	1/°C	0
RD-Temperaturkoeffizient, linear (alle)	TRD1	1/°C	0
RS-Temperaturkoeffizient, linear (alle)	TRS1	1/°C	0
Funkelrauschkoeffizient (alle)	KF	---	0
Funkelrauschexponent (alle)	AF	---	1
gemessene Temperatur	T_MEASURED	°C	---
absolute Temperatur	T_ABS	°C	---

Modellparameter (Level 1, 2 oder 3)	Abkürzung	Einheit	Ersatzwert
Temperatur relativ zum Strom	T_REL_ GLOBAL	°C	---
Temperatur relativ zum AKO-Modell	T_REL_ LOCAL	°C	---

3.5.3 ICs

Mit der Demoversion von MicroSim PSpice werden eine Reihe von integrierten Schaltkreisen zur Simulation mitgeliefert. Unter *Draw - Get New Part* können die Bibliotheken im Dialogfenster *Add Part* mit *Browse* eingesehen werden. Die ICs befinden sich am Ende der *eval.slb*, die sehr viele der 74xx..-Bausteine enthält. Eine ausführliche Beschreibung, wie mit PSpice eigene ICs definiert werden können, würde den Rahmen dieses Buches bei weitem sprengen. Allgemein ist zu sagen, daß ICs als sog. "Unterschaltung" (subcircuit) eingegeben werden, und auch als solche in der Netzliste erscheinen (Unterschaltungen beginnen mit einem X). Interessierte Leser seien hier auf das Originalhandbuch verwiesen.

3.6 Eingabe veränderlicher Bauteile

Zu veränderlichen Bauteilen gehören beispielsweise Potentiometer oder Trimmkondensatoren. Mit MicroSim PSpice ist es möglich, auch solche Bauteile zu simulieren. Auf eine ausführliche Darstellung aller Möglichkeiten einer solchen Simulation sei hier zugunsten einer einfachen und nachvollziehbaren Variante verzichtet.

Zum besseren Verständnis soll die Schaltung in Beispiel 3.6-1 dienen. Hier soll R3 ein Potentiometer sein, das sich linear von 0 bis 10kOhm verstellen läßt.

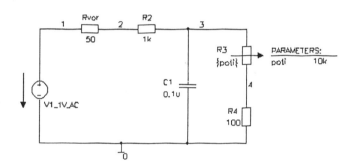

Beispiel 3.6-1

Nachdem die Schaltung gezeichnet ist und die Knotenbezeichnungen vergeben sind, wird der Bauteilwert (value) des Bauteiles, das variabel sein soll, durch eine Bezeichnung in geschweiften Klammern ersetzt (hier {poti}).

Achtung: Die geschweiften Klammern sind hierbei sehr wichtig.

Nun wird das Bauteil *Param* aus der Bibliothek *special.slb* aufgerufen und irgendwo auf der Arbeitsfläche plaziert (zweckmäßigerweise in der Nähe des zu variierenden Bauteils). Durch Doppelklick mit der linken Maustaste auf den Schriftzug *Parameters* öffnet man das Statusdialogfenster der Parameter-Anweisung. Hier wird nun im Feld *Name1* die Bezeichnung *poti* eingetragen (**Achtung:** hier ohne Klammern). Danach wird ein beliebiger Wert im Feld *Value1* eingetragen (der Wert kann zwar beliebig sein, aber sollte eine Aussage haben. Bei diesem Beispiel wurde der Endwert des Potentiometers 10kOhm verwendet). Um diese Schaltung zu simulieren, wird zunächst der Hauptmenüpunkt *Analysis* angewählt und dessen Untermenüpunkt *Setup* geöffnet. Es erscheint das Fenster *Analysis Setup*. Hier können die gewünschten Analysearten eingetragen werden.

In diesem Beispiel wird eine Frequenz-Analyse durchgeführt, bei der das Verhalten der Spannung über C1 bei verschiedenen Werten von R3 untersucht werden soll.

Dazu wird zunächst der Punkt *AC Sweep* angewählt. Im Fenster *AC Sweep and Noise Analysis* sollten nun folgende Eintragungen vorgenommen werden:

AC Sweep Type: linear

Sweep Parameters: Total Pts.: 20
                                            Start Freq.: 20Hz
                                            End Freq.: 20kHz

Die Eingaben werden durch Anklicken der Schaltfläche *OK* bestätigt.

Diese Einstellungen bewirken eine Analyse der Schaltung von 20Hz bis 20kHz in 1kHz-Schritten (siehe auch Kapitel 3.7).

Achtung: Um diese Analyse auch tatsächlich durchzuführen, muß das Kästchen vor dem Feld *AC Sweep* markiert werden. Dies geschieht durch einmaliges Anklicken dieses Kästchens mit der linken Maustaste.

Um nun noch das variable Bauteil zu simulieren, wird das Feld *Parametric* angewählt. Im nun erscheinenden Fenster *Parametric* sollten folgende Eintragungen vorgenommen werden:

1) Im Feld *Swept Var. Type* wird *Global Parameter* angewählt.

2) Im Feld *Name* wird die Bezeichnung eingetragen, die zuvor statt des Bauteilwertes bzw. bei *Parameter* als *Name1* eingetragen wurde (also im diesem Beispiel *poti*).

3) Im Feld *Sweep Type* wird *Linear* gewählt.

4) Im Feld *Start Value* wird der Anfangswert des Bauteiles eingetragen (hier: 1Ohm). **Achtung:** Dieser Wert darf nicht null sein!!

5) Im Feld *End Value* wird der Endwert des Bauteiles eingetragen (hier 10.001kOhm).

6) Im Feld *Increment* wird die Schrittweite angegeben, um die der Anfangswert bei jeder neuen Berechnung bis zur Erreichung des Endwertes erhöht werden soll (hier 1kOhm).

Nun kann das Fenster mit *OK* geschlossen werden.

Mit *Sweep Type Value List* im *Parametric*-Fenster kann eine Liste verschiedener Werte, die simuliert werden sollen, angegeben werden. Ein Beispiel für eine solche Liste im Feld *Values* wäre:

    VALUES: 10 100 1k 5k 7k 10k

Achtung: Auch in dieser Liste darf der Wert null nicht erscheinen.

Nach Verlassen des Fensters *Parametric* mit *OK* darf auch hier nicht vergessen werden, diese Analyseart zu markieren!

Durch Anklicken der Schaltfläche *Close* wird das Fenster *Analysis Setup* verlassen.

Wird nun eine Simulation gestartet (durch Anwählen des Hauptmenü-punktes *Analysis* und *Run PSpice*), so wird für jeden Wert von R3 die gesamte Frequenzanalyse durchgeführt.

Achtung: Da hier sehr schnell sehr große Datenmengen und Rechen-zeiten zustandekommen, sollte man die Anzahl der Berech-nungspunkte pro Durchlauf (hier 20 Punkte) in einem ver-nünftigen Rahmen halten.

Nachdem PSpice die Daten berechnet hat, steht in Probe eine Liste der erfolgten Berechnungen für verschiedene Werte von R3 zur Ver-fügung. Aus ihr kann man auswählen, für welche Werte von R3 die Kurven gezeichnet werden sollen. Bei jeder Spannung (jedem Strom oder sonstigem), die dargestellt werden soll, erscheint dann eine Kur-venschar.

3.7 Analysearten

MicroSim PSpice bietet die Möglichkeit mehrerer verschiedener Analysearten, wie z.B. Fourieranalyse, Rauschanalyse, Arbeitspunktanalyse, Frequenzanalyse und einige mehr. Alle Analysearten zu beschreiben, würde den Rahmen dieses Buches sprengen. Aus diesem Grund werden hier nur die wohl am häufigsten benötigten Analysearten beschrieben, nämlich die Frequenz- (AC Sweep), Zeit- (Transient), Fourier- und Gleichspannungs- (DC Sweep) Analyse.

Zur Auswahl der Analysearten und zur Festlegung der Analysedetails wird der Hauptmenüpunkt *Analysis* und dessen Untermenüpunkt *Setup* angewählt. Im nun geöffneten Fenster *Analysis Setup* (s. Abb. 3.7-1) kann durch einmaliges Anklicken mit der linken Maustaste auf die Analysefelder das entsprechende Einstell-Fenster dieser Analyseart aufgerufen werden. Zur Aktivierung der Analyseart muß das Kästchen vor dem Feld angekreuzt werden, was auch wieder durch Anklicken mit der linken Maustaste geschieht. In Abbildung 3.7-1 sind nur *AC Sweep* und *Bias Point Detail* angewählt, beim Aufruf von PSpice werden somit auch nur diese beiden Analysen durchgeführt.

3.7.1 Die Frequenz- und Rauschanalyse

Frequenzanalyse

Hier wird das Verhalten einer Schaltung als Funktion der Frequenz berechnet. Nach erfolgter Berechnung stehen alle Spannungen und Ströme der Schaltung im betrachteten Frequenzbereich zur Verfügung und können mit Probe dargestellt und ausgedruckt werden.

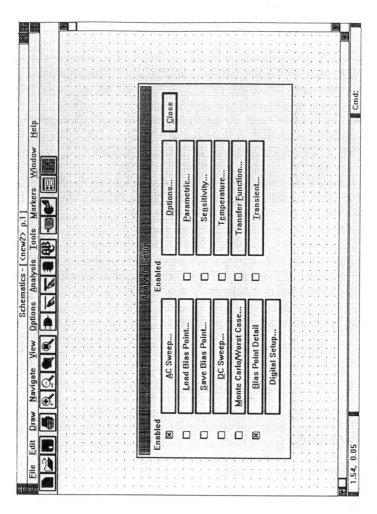

Abbildung 3.7-1: Dialogfenster *Analysis Setup*

Achtung: Diese Analyse setzt eine Wechselspannungs- bzw. Wechselstromquelle in der Schaltung voraus (also z.B. VSRC
oder ISRC). Die Quelle VSIN wird nicht als eine Quelle
des geforderten Typs betrachtet, mit ihr ist keine Frequenzanalyse möglich. VSIN (ISIN) wird nur bei einer Zeitanalyse eingesetzt.

Im Dialogfenster *Analysis Setup* steht die Frequenzanalyse unter der
Bezeichnung *AC Sweep* zur Verfügung (vgl. Abb. 3.7-1). Nach
Anklicken dieses Feldes erscheint das Fenster *AC Sweep and Noise
Analysis* (s. Abb. 3.7.1-1). Hier können folgende Parameter einge-
stellt werden:

AC Sweep Type:

Linear: Die Frequenz wird von der Startfrequenz bis zur Stopfrequenz linear durchlaufen. Mit der Anzahl der Berechnungspunkte wird die Gesamtzahl der Berechnungspunkte in diesem Bereich festgelegt.

Octave: Die Frequenz wird logarithmisch zur Basis 2 durchlaufen.
Mit der Anzahl der Berechnungspunkte wird die Anzahl der
Berechnungspunkte pro Oktave festgelegt.

Decade: Die Frequenz wird logarithmisch zur Basis 10 durchlaufen.
Mit der Anzahl der Berechnungspunkte wird die Anzahl der
Berechnungspunkte pro Dekade festgelegt.

Sweep Parameters:

Total Pts.: Gibt die Gesamtzahl der Berechnungspunkte in dem
durch *Start Freq.* und *End Freq.* definierten Frequenzbereich an.

110

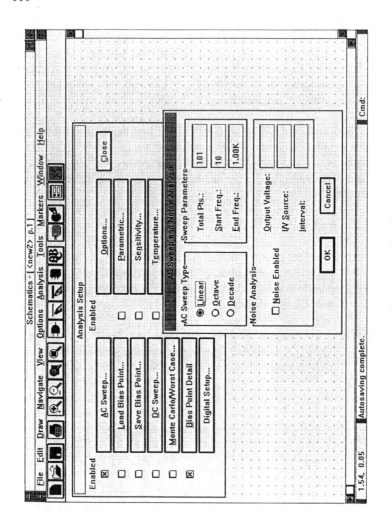

Abbildung 3.7.1-1: Dialogfenster *AC Sweep and Noise Analysis*

Pts./Octave und Pts/Decade: Gibt die Anzahl der Berechnungspunkte pro Oktave bzw. Dekade in dem durch *Start Freq.* und *End Freq.* definierten Frequenzbereich an.

Start Freq.: Gibt die Startfrequenz der Analyse an.

End Freq.: Gibt die Stopfrequenz der Analyse an.

Wichtig: Die Stopfrequenz darf nicht kleiner sein als die Startfrequenz und beide Angaben müssen größer als Null sein. Sie dürfen aber gleich sein (Berechnung bei einer einzelnen Frequenz).

Rauschanalyse

Bei der Rauschanalyse wird einer unabhängigen Quelle eine Rauschquelle hinzugefügt.

Noise Enabled: Aktivierung der Rauschanalyse. Die Rauschanalyse ist nur bei gleichzeitiger Frequenzanalyse möglich.

Output Voltage: Gibt an, an welchem Knoten oder Knotenpaar die Rauschspannung anliegen soll. Diese Angabe hat das Format V(<Knoten a>,<Knoten b->). Wenn Knoten b der Massepunkt (Knoten 0) ist, kann diese Angabe weggelassen werden, also z.B. V(3,4) oder V(1).

I/V Source: Gibt die Bezeichnung einer unabhängigen Spannungs- oder Stromquelle an, an der die entsprechende Rauschspannung berechnet werden soll. (**Achtung:** Die Bezeichnung muß identisch mit einer in der zu untersuchenden Schaltung vorkommenden Quelle sein.)

Interval: Spezifiziert das Druckintervall. Bei jeder n-ten Frequenz (wobei n das Intervall darstellt) wird eine Tabelle gedruckt, die die Rauschbeiträge der einzelnen Komponenten der Schaltung zum Gesamtrauschen auflistet. Wird hier keine Angabe gemacht, so wird diese Tabelle nicht ausgegeben.

3.7.2 Die Zeitanalyse (transient analysis) und die Fourier-Analyse

Zeitanalyse

Bei der Zeitanalyse wird das Verhalten einer gegebenen Schaltung als Funktion der Zeit berechnet. Nach erfolgter Berechnung stehen alle Spannungen und Ströme der Schaltung im betrachteten Zeitbereich zur Verfügung und können mit *Probe* dargestellt und ausgedruckt werden.

Im Dialogfenster *Analysis Setup* steht die Zeitanalyse unter der Bezeichnung *Transient* zur Verfügung (vgl. Abb. 3.7-1). Nach Anklikken dieses Feldes erscheint das Fenster *Transient* (s. Abb. 3.7.2-1). Hier können folgende Parameter eingestellt werden:

Print Step: Schrittweite bei der Druckerausgabe.

Final time: Zeitpunkt, bis zu dem die Berechnung durchgeführt wird.

No-print Delay: Gibt den Zeitraum an (bei der Zeit 0 beginnend), der **nicht** ausgedruckt oder an *Probe* weitergegeben werden soll.

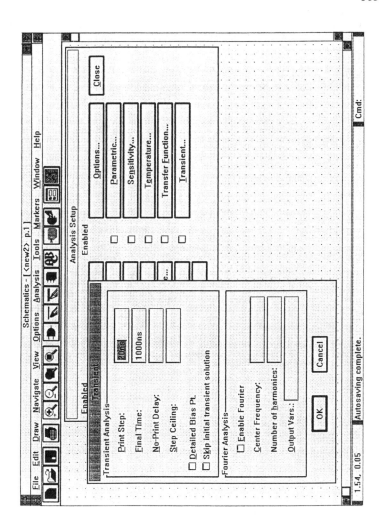

Abbildung 3.7.2-1: Dialogfenster *Transient*

Step Ceiling: Mit diesem Parameter kann die Schrittweite bei der Berechnung angegeben werden, die kleiner oder größer als die interne Schrittweite sein kann (ohne Angabe dieses Parameters benutzt PSpice bei der Berechnung die erwähnte interne Schrittweite).

Detailed Bias Pt.: Vor einer Zeitanalyse wird der Arbeitspunkt der Schaltung berechnet. Wird dieser Parameter angewählt, so wird eine genaue Liste der Ergebnisse in die Datei <Schaltungsname>.OUT geschrieben.

Scip Initial Transient Solution: Wird diese Option angewählt, so überspringt PSpice die Berechnung des Arbeitspunktes (bias point calculation) und beginnt direkt mit der Analyse zur Zeit $t = 0$. Anfangsbedingungen (initial contitions) für Kondensatoren und Spulen, die mit dem Parameter IC gesetzt wurden, werden hierbei zwar berücksichtigt, die Anfangsspannungen aller anderen Bauteile werden jedoch als 0 angenommen.

Fourier-Analyse

PSpice bietet auch die Möglichkeit einer Fourier-Analyse. Dabei können folgende Parameter eingestellt werden:

Enable Fourier: Aktivierung der Fourier-Analyse. Die Fourier-Analyse ist nur bei gleichzeitiger Zeitanalyse möglich.

Center Frequency: Grundfrequenz für die Fourier-Analyse.

Number of harmonics: Gibt die Anzahl der zu berechnenden Harmonischen an.

Output Vars.: Hier können die Bezugspunkte in der Schaltung angegeben werden, an denen die Fourier-Analyse durchgeführt werden soll. Diese Angabe hat das Format V(<Knoten a>,<Knoten b>), wenn Knoten b der Massepunkt (Knoten 0) ist, kann diese Angabe weggelassen werden, also z.B. V(2,3) oder V(1).

3.7.3 Gleichstrom-Arbeitspunkt-Analyse

Diese Bezeichnung ist leicht irreführend. Mit dieser Analyseart lassen sich in erster Linie veränderbare Gleichspannungs- und Gleichstromquellen simulieren. Eine andere Möglichkeit ist die Änderung von Betriebstemperaturen oder Gleichstromquellen von Bauteilen, wie beispielsweise des Transportsättigungsstromes IS eines Transistors.

Im Dialogfenster *Analysis Setup* steht die Gleichstrom-Arbeitspunkt-Analyse unter der Bezeichnung *DC Sweep* zur Verfügung (vgl. Abb. 3.7-1). Nach Anklicken erscheint das Fenster *DC Sweep* (Abb. 3.7.3-1). Hier können folgende Parameter eingestellt werden:

Voltage Source: Mit dieser Einstellung wird eine unabhängige Spannungsquelle als veränderliche Größe definiert. Im Feld *Name* ist die Bezeichnung der Quelle einzutragen, deren Spannung verändert werden soll.

Temperature: Die Temperatur wird im angegebenen Bereich variiert und für jeden neuen Temperaturwert werden dafür geltende Bauteilwerte errechnet. Anschließend wird die gewünschte Schaltungssimulation durchgeführt.

Current Source: Mit dieser Einstellung wird eine unabhängige Stromquelle als veränderliche Größe definiert. Im Feld *Name* ist die Bezeichnung der Quelle einzutragen, deren Strom verändert werden soll.

Model Parameter: Mit dieser Einstellung kann ein Bauteilparameter variabel gehalten werden. Hierzu ist der Modelltyp im Feld *Model Type* einzutragen (z.B. "D" für Diode oder "NPN" bzw. "PNP" für ein entsprechendes Transistormodell). Im Feld *Model Name* wird die genaue Modellbezeichnung eingetragen (z.B. Q2N2222 oder D1N4148). Im Feld *Param. Name* ist der Parameter, der variabel gehalten werden soll, anzugeben (z.B. IS oder B).

Global Parameter: Mit dieser Einstellung kann ein sog. globaler Parameter variabel gehalten werden. Dieser Parameter muß aber vorher durch das Pseudobauteil *Param* definiert sein. Die Bezeichnung dieses Parameters ist im Feld *Name* anzugeben (vgl. Kapitel 3.6).

Linear: Der Parameter wird vom Startwert *(Start Value)* bis zum Endwert *(End Value)* linear durchlaufen. Hierbei wird der Parameter immer um den Wert verändert, der unter *Increment* angegeben ist.

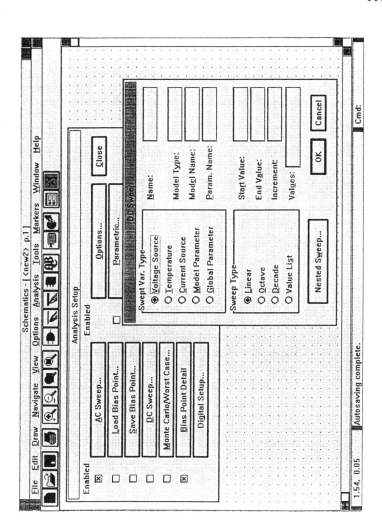

Abbildung 3.7.3-1: Dialogfenster *DC Sweep*

Octave: Der Parameter wird logarithmisch zur Basis 2 durchlaufen. *Pts/Octave* gibt hierbei die Anzahl der Berechnungspunkte pro Oktave an.

Decade: Der Parameter wird logarithmisch zur Basis 10 durchlaufen. *Pts/Decade* gibt hierbei die Anzahl der Berechnungspunkte pro Dekade an.

Value list: Es werden nur die Parameterwerte benutzt, die im Feld *Values* eingetragen sind.

Start Value und *End Value* hängen natürlich von der gewählten Parameterart ab. Hierbei darf der Anfangswert, der unter *Start Value* eingetragen wird, auch kleiner sein als der Endwert unter *End Value*, d.h. der Parameter kann in beiden Richtungen durchlaufen werden.

Nested Sweep: Wird diese Option gewählt, so erscheint ein zweites Fenster, das im Grunde die gleichen Einstellmöglichkeiten bietet wie das oben beschriebene. Mit diesem zweiten Fenster kann ein zweiter Parameter angegeben werden, der ebenfalls variert werden soll. Die Berechnung wird, ausgehend vom Startwert des ersten Parameters, für alle Werte des zweiten Parameters durchgeführt. Anschließend wird der Wert des ersten Parameters erhöht (erniedrigt), und die Schaltung wird erneut berechnet usw.

3.8 Verwendung älterer Bauteilbibliotheken

Bei älteren Versionen von PSpice bestehen die Bauteilbibliotheken aus reinen ASCII-Textfiles. Da bei MicroSim PSpice jeder Bauteil-bibliothek auch eine Symbolbibliothek zugeordnet ist, können diese älteren Bibliotheken nicht direkt eingebunden werden. Der Benutzer muß deshalb jedoch nicht auf schon erstellte Bibliotheken verzichten oder sie gar neu erstellen.

Es genügt vielmehr, den Namen und das Modell eines Bauteiles im Editor zu verändern (s. Kapitel 3.5). Aus der *special.slb* wird das Zeichen *lib* für *Library* geladen und auf der Arbeitsfläche plaziert. Durch Doppelklick mit der linken Maustaste auf das *Library*-Zeichen wird das zugehörige Statusdialogfenster geöffnet. Hier kann nun unter *File Name* der Pfad und der Name der alten Bibliothek angegeben werden, in welcher das entsprechende Modell dieses Bauteiles enthalten ist.

4 Praktisches Arbeiten mit PSpice

MicroSim PSpice stellt eine Kombination aus dem bewährten PSpice-Programm mit dem grafischen Postprozessor Probe zur Darstellung der berechneten Größen und Schematics, einem CAD-Programm zur Eingabe eines elektronischen Schaltplanes, dar. Die Handhabung ist sehr einfach und wird im folgenden an einem einfachen Beispiel erläutert: Ein gegebener Parallelschwingkreis soll berechnet und das Resonanzverhalten als Grafik ausgedruckt werden.

4.1 Eingabe des Schaltplanes

Gegeben sei folgende Schaltung:

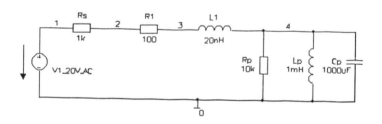

Beispiel 4.1-1

Allgemeines und Voreinstellungen

Gestartet wird Schematics aus dem Programm-Manager von Windows durch Doppelklick mit der linken Maustaste auf das Schematics-Programmsymbol (icon). Es erscheint die im Kapitel 3 erklärte und abgebildete Benutzeroberfläche.

Prinzipiell kann sofort mit dem Zeichnen der Schaltung begonnen werden. Es empfiehlt sich jedoch sicherzustellen, daß Bauteile und Verbindungsleitungen nur auf den Rasterpunkten plaziert werden können. Dies erleichtert die Arbeit ungemein und ist unter dem Hauptmenüpunkt *Options* und dessen Untermenüpunkt *Display Options* im gleichnamigen Dialogfenster möglich. Es ist sinnvoll, die Punkte *Grid On, Snap to Grid, Orthogonal, Stay on Grid, Snap to Pin, Status Line, Cursor X and Y* und *Toolbar* einzuschalten. Ein- und Ausschalten geschieht, wie fast immer bei Windows-Programmen, durch Anklicken des jeweiligen Punktes bzw. des Quadrates davor mit der linken Maustaste. Ein Kreuz vor dem jeweiligen Punkt signalisiert, daß er eingeschaltet ist. Die Angaben werden durch *OK* bestätigt, das Dialogfenster wird automatisch geschlossen.

Es empfiehlt sich ebenfalls, Probe zur grafischen Darstellung der Berechnungsergebnisse automatisch nach der Berechnung mit PSpice aufrufen zu lassen. Folgende Befehle sollten hierzu aktiviert sein:

Hauptmenüpunkt *Analysis*, Untermenüpunkt *Probe Setup*:

Automatically Run Probe After Simulation in der Befehlsgruppe *Auto-run Option*

Show All Markers in der Befehlsgruppe *At Probe Startup*

All in der Befehlsgruppe *Data Collection*.

Schaltungssymbole liegen in amerikanischer Zeichnungsform vor (Zickzacklinie für Widerstände etc.). Um deutsche Symbole zeichnen zu können, wurde die Bauteilbibliothek *symb_gr.slb* geschaffen, die Symbole für Widerstand, Spule, Kondensator, Sinusquelle, Massesymbol und einen Pfeil enthält. Diese ist <u>vor</u> Benutzung korrekt einzubinden (näheres hierzu in Kapitel 5)!

Zeichnen

In der Titelzeile ist als Schaltungsbezeichnung *<new>* vermerkt, es wird also ein neuer Schaltplan eingegeben. Falls unter dem Hauptmenüpunkt *Options* unter *Editor Configuration* der Befehl *Autosave interval* aktiviert ist, wird die Schaltung im Abstand der dort eingetragenen Minuten automatisch abgespeichert. Es ist daher ratsam, Schaltpläne noch vor dem eigentlichen Zeichnen unter dem Hauptmenüpunkt *File* unter *Save As* abzuspeichern. Im Dialogfenster *Save As* wird die Schaltungsbezeichnung (in diesem Beispiel "Kapitel4") eingegeben. Die Schaltungsbezeichnung ist auf acht Zeichen beschränkt, das Betriebssystem DOS läßt nicht mehr zu. Rechtzeitiges Abspeichern unter neuem Namen ist vor allem bei Verwendung bereits existierender Schaltungen wichtig, da diese sonst beim automatischen Speichern überschrieben werden.

Nach der Verwendung von *Save As* erscheint die neue Schaltungsbezeichnung mit der Extension *.sch* in der Titelzeile.

Die zu zeichnenden Bauteile stehen unter dem Hauptmenüpunkt *Draw* und dessen Untermenüpunkt *Get New Part*, oder einfacher unter der entsprechenden Schaltfläche der Symbolleiste, zur Verfügung. Im folgenden wird die Vorgehensweise bei der Zeichnungserstellung stichwortartig erklärt, weitere Einzelheiten können dem Kapitel 3 entnommen werden.

Zeichnen der Spannungsquelle

Aufruf der Spannungsquelle unter *Draw - Get New Part* oder der entsprechenden Schaltfläche der Symbolleiste im Dialogfenster *Add Part* durch Eingabe von "VSRC" oder mit *Browse* in der Bibliothek *source_gr.slb* (oder *source.slb*) unter *Library*.

Das Schaltungssymbol befindet sich schwarz und schemenhaft am Mauszeiger und wird durch Drücken der linken Maustaste plaziert. Mit der rechten Maustaste wird der Vorgang abgeschlossen. Das Schaltungssymbol ist jetzt rot dargestellt, d.h. es ist aktiv und kann verschoben oder editiert werden (dazu später mehr).

Falls die Spannungsquelle mit einem Pfeil versehen werden soll, steht dieser in der Bibliothek *symb_gr.slb* unter *arrow* zur Verfügung. Aufruf des Pfeiles unter *Draw - Get New Part* im Dialogfenster *Add Part*; Aufruf mit *Browse* in der Bibliothek *symb_gr.slb* unter *Library* im Dialogfenster *Get Part* als *arrow*.

Der Pfeil (die Spitze zeigt beim Aufruf nach oben) kann mit der Tastenkombination Strg+R oder *Edit - Rotate* um jeweils 90° gedreht und danach positioniert werden.

Zeichnen der passiven Bauelemente

Aufruf des Widerstandes unter *Draw - Get New Part* im Dialogfenster *Add Part*; Aufruf mit *Browse* in der Bibliothek *symb_gr.slb* unter *Library* im Dialogfenster *Get Part* als R; plazieren wie gehabt.

Bauelemente werden automatisch in der Reihenfolge, in der sie gezeichnet werden, durchnummeriert (z.B. R1, R2, ..., C1, C2,...). Passive Bauelemente erhalten zusätzlich einen Anfangswert. Bezeichnungen und Anfangswerte werden nachfolgend noch geändert.

Ein gezeichnetes Bauteil wird durch einmaliges Anklicken mit der linken Maustaste aktiviert. PSpice stellt dies durch Farbwechsel nach rot dar. Wird die linke Maustaste gedrückt gehalten, kann das Bauteil verschoben werden.

Das Zeichnen der Spulen und des Kondensators erfolgt analog zum Widerstand. Spulen stehen unter der Bezeichnung L, Kondensatoren unter C in der Bibliothek *symb_gr.slb* zur Verfügung. Sollte die Datei *symb_gr.slb* nicht zur Verfügung stehen, so kann die Spannungsquelle der Bibliothek *source.slb*, die passiven Bauelemente der *analog.slb* entnommen werden. Sie können jedoch auch einfach durch Eingabe ihrer PSpice-Bezeichnungen (VSRC, R, L, C) im Dialogfenster *Add Part* aufgerufen werden.

Entfernen von Bauteilen

Falsch oder zuviel gezeichnete Bauteile können problemlos aus der Zeichnung entfernt werden. Nach einmaligem Anklicken des Bauteiles mit der linken Maustaste wird dieses rot dargestellt. Zum Entfernen ist lediglich noch die Entf-(bzw. Del-)Taste zu drücken oder der Menüpunkt *Edit - Delete* anzuklicken. Falls das Gitter dargestellt ist, werden die Punkte, die von dem entfernten Bauteil verdeckt wurden, ebenfalls entfernt. Sie werden nach Anklicken von *View - Redraw* oder durch die Tastenkombination Strg+L wieder dargestellt.

Verbinden der Bauteile

Verbinden der Bauteile geschieht mit *Draw - Wire*, der Tastenkombination Strg+W oder durch Anklicken der entsprechenden Schaltfläche der Symbolleiste. Der Cursor nimmt die Gestalt eines Bleistiftes an. Man setzt nun die Spitze dieses Bleistiftes auf eine Bauteilleitung und klickt diese einmal mit der linken Maustaste an. Danach führt

man den Stift auf das Leitungsende des nächsten anzuschließenden
Bauteiles und klickt dieses erneut einmal mit der linken Maustaste
an. Die Verbindung erfolgt automatisch. Wo es nötig ist, werden die
Ecken automatisch gezeichnet. Solange der Cursor die Form eines
Bleistiftes hat, können weitere Leitungen gezeichnet werden. Möchte
man abbrechen, drückt man die rechte Maustaste einmal.

Falls eine besondere Leitungsführung gewünscht wird, ist an jeder
Ecke, der die neue Leitung folgen soll, einmal die linke Maustaste zu
klicken. Verbindungspunkte von Bauteilen an Leitungen werden automatisch gesetzt.

Löschen lassen sich Leitungen einfach durch einmaliges Anklicken
mit der linken Maustaste (**Achtung:** Der Cursor muß dabei einen
Pfeil darstellen). Die zu löschende Leitung sollte nun ihre Farbe von
grün nach rot ändern. Nun genügt ein Druck auf die Entf-(bzw. Del-)
Taste.

Eintrag der korrekten Bauteilwerte und -bezeichnungen

Nach einmaligem Anklicken der Bauteilbezeichnung erscheint um
diese ein rechteckiger Kasten. Wird bei erneutem Anklicken mit der
linken Maustaste diese gedrückt gehalten, kann die Bezeichnung
beliebig verschoben werden. Ein Doppelklick mit der linken
Maustaste öffnet das Dialogfenster *Edit Reference Designator*, in das
die korrekte Bauteilbezeichnung eingetragen werden kann. Bei *Gate*
sollte kein Eintrag erfolgen. Der Eintrag wird mit *OK* oder durch die
Return-Taste bestätigt. Bei den passiven Bauteilen kann auf dieselbe
Weise auch der Bauteilwert im Dialogfenster *Set Attribute Value*
eingetragen werden. Die korrekten Werte für die Spannungsquelle
müssen im Statusdialogfenster *V1 PartName*: VSRC eingetragen
werden, in unserem Beispiel 20V bei *AC=*. Durch Doppelklick mit
der linken Maustaste auf *AC=* in der Liste erscheint oben unter

Value ein blinkender Cursor, bei dem 20V eingetragen wird. Der Eintrag muß mit *OK* bestätigt werden. Ggf. erscheint das Dialogfenster *Save*, indem die Eingabe nochmals bestätigt werden muß.

Achtung: Bauteilbezeichnungen dürfen nicht durch Leerzeichen unterbrochen sein, da PSpice bei der Berechnung diese sonst als Knotenbezeichnungen interpretiert!

Falsch: Bezeichnung V1 20V AC bedeutet: Spannungsquelle V1 zwischen den Knoten 20V und AC.

Richtig: V1_20V_AC. Die Werte "20V" und "AC" dienen hier ja nur der Kennzeichnung in der Zeichnung, als Rechenanweisung müssen sie ja im Statusdialogfenster *V1 PartName: VSRC* eingegeben werden.

Knotenbezeichnung

Zur Berechnung mit PSpice müssen die Knoten durchnummeriert werden. Hierbei ist die Null ausschließlich für den Massepunkt der Schaltung reserviert. In der Bibliothek *symb_gr.slb* steht unter *AGND* ein entsprechendes Massezeichen zur Verfügung, das wie ein Bauteil plaziert wird und die Knotennummer 0 bereits enthält.

Ein Doppelklick mit der linken Maustaste auf ein Leitungsstück öffnet das Dialogfenster *Set Attribute Value*, in das unter *LABEL* die Knotennummer eingetragen wird. PSpice erkennt dabei automatisch, ob ein Leitungsstück zu einem bereits numerierten Knoten gehört und zeigt dessen Nummer im Dialogfenster *Set Attribute Value* an. PSpice erkennt ebenfalls, ob eine Knotennummer bereits vergeben ist und zeigt eine doppelte Vergabe durch eine entsprechende Fehlermeldung in der Mitte der Statuszeile am unteren Rand der Arbeitsfläche an. Speichern der fertigen Zeichnung nicht vergessen!

4.2 Berechnung

Die Vorbereitungen zur Berechnung sind sehr kurz und einfach.

Unter dem Hautmenüpunkt *Analysis* und dessen Untermenüpunkt *Setup* werden im Dialogfenster *Analysis Setup* die durchzuführenden Analysearten festgelegt. In diesem Beispiel wird *AC Sweep* für die Analyse im Frequenzbereich durch Anklicken des kleinen Quadrates gewählt, was durch ein Kreuz angezeigt wird. Anklicken der Schaltfläche *AC Sweep* öffnet das Dialogfenster *AC Sweep and Noise Analysis*, in das folgende Eintragungen vorgenommen werden:

> *AC Sweep Type: Linear* (lineare Frequenzvariation)

> *Sweep Parameters: Total Pts.:* 300 (300 Berechnungspunkte)
> *Start Freq.:* 100 (Startfrequenz 100 Hz)
> *End Freq.:* 1k (Endfrequenz 1 kHz)

Noise Enabled bei *Noise Analysis* wird nicht angekreuzt, da in diesem Beispiel keine Rauschanalyse gewünscht ist.

Die Eingaben werden durch Anklicken der Schaltfläche *OK* mit der linken Maustaste oder durch Drücken der Return-Taste bestätigt.

Im Dialogfenster *Analysis Setup* wird noch das Kreuz im Quadrat vor *Bias Point Detail* durch Anklicken entfernt, da in diesem Beispiel keine Berechnung des Gleichstrom-Arbeitspunktes vorgesehen ist. *AC Sweep* soll als einzige Berechnung durchgeführt werden.

Die Eingaben werden durch Anklicken der Schaltfläche *Close* mit der linken Maustaste bestätigt.

Unter dem Hauptmenüpunkt *Analysis* wird nun der Untermenüpunkt *Simulate* gewählt. Dabei wird die Schaltung automatisch auf formale Fehler (korrekte Knotennummerierung etc.) überprüft, im Fehlerfall erscheint das Dialogfenster *Fehler*. Nach Bestätigung der Fehlermeldung mit *OK* wird der oder die Fehler im Dialogfenster *Error List* angezeigt. Die Fehlermeldungen können ausgedruckt werden, indem bei *Output* die Option *Printer* gewählt ist und danach die Schaltfläche *Print* angeklickt wird. Vorsicht bei der Verwendung der Schaltfläche *Goto*: bei manchen Versionen (wie 6.2) wird die Schaltung außerhalb des sichtbaren Bereiches verschoben und muß mit *View - Fit* oder der entsprechenden Schaltfläche der Symbolleiste zurückgeholt werden.

Wenn die Berechnung gestartet werden konnte, erscheint das Dialogfenster *PSpice*, in dem die Berechnungsdaten angezeigt werden. Falls Fehler zum Abbruch der Berechnung führen, erscheint eine entsprechende Mitteilung (leider nur in Englisch möglich) im Dialogfenster *PSpice*. Die Fehler werden in der Datei *<Schaltungsname>.OUT*, in unserem Beispiel also *Kapitel4.OUT* zusammen mit der Netzliste vermerkt. Sie kann im Dialogfenster *PSpice* unter dem Hauptmenüpunkt *File* und dem Untermenüpunkt *Examine Output* oder in Schematics unter *Analysis - Examine Output* eingesehen werden.

Nach erfolgreicher, fehlerloser Berechnung erscheint automatisch das Dialogfenster *Probe*, mit dem die Berechnungsergebnisse grafisch dargestellt werden können.

4.3 Grafische Darstellung der Berechnungsergebnisse - Probe

Um die interessierende Spannung über der RLC-Parallelschaltung des Beispiels grafisch darzustellen, wählt man den Hauptmenüpunkt *Trace* mit dem Untermenüpunkt *Add*. Im Dialogfenster *Add Traces* werden die berechneten Ströme und Spannungen, die dargestellt werden können, angezeigt. Die interessierende Größe, in unserem Fall V(4) wird mit der linken Maustaste angeklickt oder im Feld *Trace Command*, in dem der Cursor bereits blinkt, eingetragen; Anklicken der Größen in der Liste führt zu automatischem Eintrag bei *Trace Command*. Bestätigung mit *OK* oder der Return-Taste.

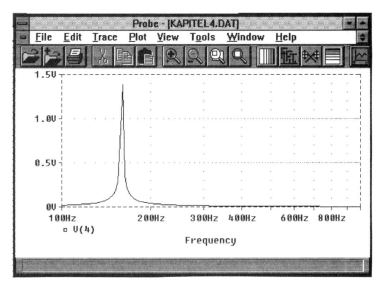

Abbildung 4.3-1: Grafische Darstellung in Probe

Die grafische Darstellung müßte ähnlich aussehen, wie in Abbildung 4.3-1. Das Resonanzverhalten der Parallelschaltung ist deutlich sichtbar. Die Frequenz ist standardmäßig logarithmisch aufgetragen.

Mit dem Hauptmenüpunkt *Tools* und dem Untermenüpunkt *Cursor* können einzelne Punkte auf der Kurve abgelesen werden. Mit dem *Cursor*-Befehl *Display* wird der Cursor aktiviert. Nach erneuter Wahl von *Tools - Cursor* stehen verschiedene Optionen wie *Max* und *Min* für das Kurvenmaximum bzw. -minimum zur Verfügung. Ein Fadenkreuz markiert den Punkt auf der Kurve. im Fenster *Probe Cursor* stehen die Werte. Der zweite Cursor, auf dem sich die Differenz *dif* bezieht, steht am äußersten linken Kurvenpunkt.

4.4 Ausdrucken der Grafik

Die Probe-Grafik kann im *Probe*-Fenster sehr einfach unter dem Hauptmenüpunkt *File* und dem Untermenüpunkt *Print* ausgedruckt werden. Im Dialogfenster *Print* können noch Angaben wie die zu druckende Seitenzahl etc. gemacht werden. Die Orientierung (Hoch-/Querformat) ist je nach Drucker im Dialogfenster *Print* sowohl unter *Page Setup* als auch unter *Printer Setup* einzustellen. Ein Ausdruck zu Beispiel 4.1-1 ist in Abbildung 4.4-1 abgebildet.

4.5 Ausdrucken des Schaltplanes

Der Schaltplan kann im *Schematics*-Fenster sehr einfach unter dem Hauptmenüpunkt *File* und dem Untermenüpunkt *Print* oder mit der entsprechenden Schaltfläche der Symbolleiste ausgedruckt werden. Im Dialogfenster *Print* können noch Angaben wie Hoch- oder Querformat etc. gemacht werden. Beim Drucken ist darauf zu achten, daß die gezeichnete Schaltung innerhalb der festgelegten Seite liegt, da ansonsten nur der Rahmen der Seite ohne Schaltung ausgedruckt wird. Ein Ausdruck zu Beispiel 4.1-1 ist in Abbildung 4.5-1 abgebildet.

Wenn im *Schematics*-Fenster ein Bereich festgelegt wurde (Klicken mit der linken Maustaste auf einen Eckpunkt des geplanten Bereiches, Festhalten der Maustaste und Bewegen der Maus bis gewünschter Bereich im angezeigten Rechteck erscheint, dann erst Maustaste loslassen), kann genau dieser Bereich gedruckt werden (im Dialogfenster *Print* ist vor *Only Print Selected Area* bereits ein Kreuz gesetzt).

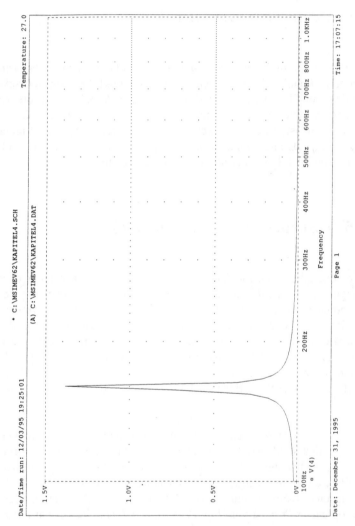

Abbildung 4.4-1: Ausdruck einer Probe-Grafik zu Beispiel 4.1-1

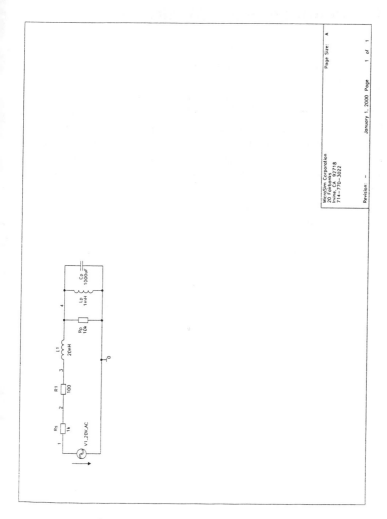

Abbildung 4.5-1: Ausdruck eines Schaltplanes zu Beispiel 4.1-1

4.6 Ausdrucken einer Stückliste

Eine echte Stückliste wird von MicroSim PSpice nicht erstellt, man kann aber die Netzliste ausdrucken. Dies geschieht im *Schematics*-Fenster sehr einfach unter dem Hauptmenüpunkt *Analysis* und dem Untermenüpunkt *Examine Netlist*. Im Dialogfenster *Editor-<Schaltungsname>.NET* erscheint die Netzliste, die man unter dem dortigen Hauptmenüpunkt *Datei* und dem Untermenüpunkt *Drucken* ausdrukken kann. Die Netzliste enthält die Bauteilbezeichnung, den Bauteilwert und die Knoten, an die das jeweilige Bauteil angeschlossen ist. Die Netzliste wird jedoch nicht sofort während der Eingabe in Schematics erstellt, sondern nach Anwahl von *Analysis - Create Netlist* oder automatisch bei der Berechnung der Schaltung.

Die Netzliste für Beispiel 4.1-1 sieht als Stückliste wie folgt aus:

```
            BSP411.NET


* Schematics Netlist *


V_V1_20V_AC        1 0   AC 20
R_Rs        1 2  1k
R_R1        2 3  100
R_Rp        0 4  10k
L_L1        3 4  20nH
L_Lp        0 4  1mH
C_Cp        0 4  1000uF




            Seite 1
```

4.7 Verwendung älterer PSpice-Netzlisten

Schematics ist, wie bereits erwähnt, eine CAD-orientierte Benutzeroberfläche. Ältere Schaltungsdateien von PSpice, die dort als Netzliste unter der Bezeichnung <Schaltungsname>.CIR berechnet und gespeichert wurden, können nicht als Zeichnung in Schematics geladen werden. Sie können jedoch unter Schematics berechnet und die Berechnungsergebnisse als Grafik dargestellt und ausgedruckt werden. Auch Ändern der Netzliste ist möglich.

Die Netzliste der älteren PSpice-Version kann nicht direkt geladen werden, sondern muß in Zusammenhang mit einer Schematics-Datei stehen. Dazu bedient man sich eines einfachen Notbehelfs: Die leere Schematics-Arbeitsfläche wird unter *File - Save As* als neue Schaltung gespeichert - von der zu verwendenden Netzliste kann ja, wie bereits erwähnt, keine Zeichnung erstellt werden. Unter *Analysis - Setup* ist nun die gewünschte Analyseart einzustellen. Nach dem Speichern der Datei <Schaltungsname>.SCH kann der Untermenüpunkt *Examine Netlist* des Hauptmenüpunktes *Analysis* angewählt werden. Aufgrund der fehlenden Zeichnung existiert keine zugehörige Netzliste. Im Dialogfenster *Editor* ist die Frage, ob eine neue Datei angelegt werden soll, mit "JA" zu beantworten.

Es erscheint das eigentliche Editor-Fenster. Hier wählt man den Hauptmenüpunkt *Datei* und dessen Untermenüpunkt *Öffnen*. Im nun erscheinenden Dialogfenster *Datei öffnen* wird die ältere CIR-Datei gewählt. In der Fenstermitte sind die aktuellen Verzeichnisse aufgelistet, ggf. ist diese zu wechseln, bis das Verzeichnis, das die CIR-Datei enthält, geöffnet werden kann. Im Feld *Dateiname* ist nun die entsprechende Datei <Schaltungsname>.CIR einzutragen. Durch Ersetzen von "*.txt" durch "*.cir" werden alle CIR-Dateien des aktuellen Verzeichnisses aufgelistet.

Im Editor-Fenster erscheint die CIR-Datei. Damit sie als Netzliste verwendet werden kann, ist sie geringfügig abzuändern. Kommentarzeilen müssen mit einem Stern "*" beginnen und enden. In Bauteilzeilen muß die Bauteilart mit Tiefstrich direkt vor die Bauteilbezeichnung eingefügt werden. Alle übrigen Zeilen entfallen.

Beispiel:

Alte CIR-Datei:

```
Schaltungsbeispiel PSpice alt Kapitel 5

V1 1 0 AC 20
RS 1 2 1K
R1 2 3 100
L1 3 4 20N
RP 4 0 10K
LP 4 0 1M
CP 4 0 1000U
.ac lin 300 100 1.000k ; *ipsp*
.END
```

Neue NET-Datei:

```
* Schaltungsbeispiel *
* MicroSim PSpice neu Kapitel 4.7 *

V_V1 1 0 AC 20
R_RS 1 2 1K
R_R1 2 3 100
L_L1 3 4 20N
R_RP 4 0 10K
L_LP 4 0 1M
C_CP 4 0 1000U
```

Die NET-Datei ist mit *Speichern unter* als <Schaltungsname>.**NET** im **Schematics-Verzeichnis** zu speichern. Die bestehende (leere) NET-Datei, die zu Beginn angelegt wurde, ist zu überschreiben.

Achtung: Bei Veränderungen der Analyseart unter *Analysis - Setup* erstellt Schematics eine neue Netzliste. Da auf der Arbeitsfläche keine Bauteile plaziert sind, enthält die Netzliste nur den Eintrag "* Schematics Netlist *", die alte Netzliste wird überschrieben!

Abhilfe: 1. Speichern der neuen Netzliste zusätzlich im Verzeichnis der alten CIR-Datei, damit die CIR-Datei nicht dauernd geändert werden muß.

2. Einstellungen in *Analysis - Setup* **vor** Erstellen/Kopieren der Netzliste vornehmen.

Anmerkung: In der Programmgruppe MicroSim Eval können PSpice und Probe auch direkt durch Doppelklick mit der linken Maustaste auf das jeweilige Programmsymbol gestartet werden. Der Aufruf von Probe aus PSpice heraus kann zu Fehlermeldungen führen, meist wird Probe jedoch trotzdem gestartet.

4.8 Häufige Fehler

1. Bauteilbezeichnungen dürfen nicht durch Leerzeichen unterbrochen sein, da PSpice (das eigentliche Berechnungsprogramm PSpice) bei der Berechnung diese sonst als Knotenbezeichnungen interpretiert!

Falsch: Bezeichnung V1 20V AC bedeutet: Spannungsquelle V1 zwischen den Knoten 20V und AC.

Richtig: V1_20V_AC. *20V* und *AC* dienen hier nur der Kennzeichnung in der Zeichnung, nicht als Rechenanweisungen. Diese müssen im Statusdialogfenster *V1 PartName: VSRC* eingegeben werden.

2. Die Berechung wird abgebrochen.

Ursache: Hierfür können sehr viele Gründe vorliegen. Am besten ist es, sich die OUT-Datei (sie hat den gleichen Namen wie die Schaltung, nur hat sie die Erweiterung *.OUT* statt *.SCH*) unter *Analysis - Examine Output* anzusehen. Am Ende dieser Datei steht üblicherweise der Grund für den Abbruch.

3. Fehlermeldung "Node <Knotennummer> is floating" in der OUT-Datei.

Ursache: PSpice führt bei der Berechnung zuerst eine Gleichstromanalyse durch und berechnet dabei den Gleichstrom-Arbeitspunkt jedes Knotens. Jeder Knoten muß gleichstrommäßig mit Masse verbunden sein (zur Erinnerung: PSpice verwendet ideale Bauelemente). Ist dies nicht der Fall erscheint obige Fehlermeldung.

Abhilfe:

▸ zu idealen Kondensatoren, die zu diesem Knoten führen, einen sehr großen Widerstand (z.B. 1 GΩ) parallel schalten (siehe Beispiel 4.8-1)

▸ andere Schaltungsmaßnahmen ergreifen, die die Schaltungseigenschaften nicht beeinflussen, aber einen Gleichstrompfad zu diesem Knoten schaffen

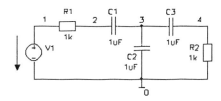

Beispiel 4.8-1

Berechnung der obigen Schaltung wird abgebrochen! Fehlermeldung "Node 3 is floating" in der Datei <Schaltungsname>.OUT.

Abhilfe: Einfügen des Widerstandes R3:

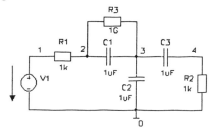

140

▸ zu idealen Spulen, die zu diesem Knoten führen, einen sehr kleinen Widerstand (z.B. 1 Ω) in Serie schalten (siehe Beispiel 4.8-2)

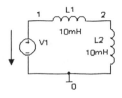

Beispiel 4.8-2

Berechnung der obigen Schaltung wird abgebrochen! Fehlermeldung in der Datei <Schaltungsname>.OUT.

Abhilfe: Einfügen des Widerstandes Rs:

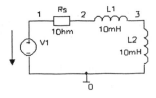

5 Darstellungsarten der Ergebnisausgabe

Beim Arbeiten mit MicroSim PSpice hat der Benutzer zwei Möglichkeiten, um Ergebnisse der Schaltkreissimulation zu erhalten:

1. Ausgabe als Tabelle oder als Diagramm durch die Verwendung von .PRINT- oder .PLOT-Symbolen bei der Eingabe der Schaltung in Schematics.

2. Ausgabe als Grafik durch Wahl der Option *Automatically Run Probe After Simulation* im Dialogfenster *Probe Setup* des Hauptmenüpunktes *Analysis* und dessen Untermenüpunkt *Probe Setup* bzw. des Untermenüpunktes *Run Probe* nach erfolgter Berechnung.

Hierbei wird nur die Arbeitsweise mit der Maus beschrieben. Weicht die Bedienung ohne Maus bei speziellen Punkten von der üblichen Windowsbedienung ohne Maus ab, so wird die Vorgehensweise ausführlich beschrieben. Wenn von Klicken, Anklicken oder Doppelklicken mit der Maus gesprochen wird, so ist dies immer auf die linke Maustaste bezogen. Bei Aktionen, die mit der rechten Maustaste ausgeführt werden, steht dies ausdrücklich im Text.

Anmerkung: Im folgenden werden die für Programmiersprachen üblichen Darstellungen verwendet. Spitze Klammern "<" und ">" enthalten lediglich sprachliche Platzhalter und werden nicht eingegeben. Eckige Klammern "[" und "]" enthalten optionale Platzhalter und Ausdrücke, die entfallen können und werden ebenfalls nicht eingegeben. Platzhalter und Ausdrücke müssen durch die entsprechenden Eingaben ersetzt werden.

5.1 Ausgabe der Rechenwerte als Tabelle und als Diagramm

Die Ausgabe erfolgt in einem von PSpice erzeugten Datensatz. Dieser Datensatz hat die Bezeichnung der Schaltung aus Schematics, jedoch mit der Erweiterung (extension) .OUT. Ist die Bezeichnung der Schaltung z.B. RSK.SCH, so legt PSpice eine Datei mit dem Namen RSK.OUT an.

5.1.1 Symbole für .PRINT und .PLOT

Die grafische Eingabe der Symbole .PRINT und .PLOT erfolgt in Schematics. Nach Wahl des Hauptmenüpunktes *Draw* und dessen Untermenüpunkt *Get New Part* können im Dialogfenster *Add Part* die .PRINT- und .PLOT-Symbole gewählt werden. Sie befinden sich in der Library *special.slb*. Die Auswahl kann mit Hilfe der Schaltfläche *Browse* durch direkte Eingabe des Symbolnamens erfolgen.

In Abbildung 5.1.1.-1 werden die .PRINT- und .PLOT-Symbole der *special.slb* dargestellt und anschließend beschrieben.

Abbildung 5.1.1-1: .PRINT- und .PLOT-Symbole

5.1.1.1 Bauteil PRINT1

Das Bauteil PRINT1 ist ein .PRINT-Symbol, das nur an einen Knoten angeschlossen wird. Durch Doppelklicken auf das .PRINT-Symbol erscheint das Statusdialogfenster, in dem die Analyseart bei *analysis* eingegeben werden muß. Hier stehen folgende Analysearten zur Verfügung:

AC	-	Wechselstrom-Kleinsignalanalyse
DC	-	Gleichstromanalyse
TRAN	-	Zeitanalyse

Es kann nur eine Analyseart für den angeschlossenen Knoten eingegeben werden. Die Eingabe wird durch Anklicken der Schaltfläche *OK* abgeschlossen.

5.1.1.2 Bauteil VPRINT1

Das Bauteil VPRINT1 ist ein .PRINT-Symbol, das nur an einen Knoten angeschlossen wird. Der zweite Knoten entfällt, der Bezugspunkt ist automatisch der Massepunkt. Es dient zur Ausgabe von Spannungen als Tabelle. Durch Doppelklicken auf das Bauteil VPRINT1 erscheint das Statusdialogfenster, in dem einige Einstellungen vorgenommen werden müssen. Für die Eingabe stehen hierzu folgende Attribute zur Verfügung:

AC, DC und TRAN wie beim .PRINT-Symbol PRINT1

Hier können mehrere Analysearten durch Doppelklicken auf die gewünschte Analyseart und Eingabe von "1" oder "ON" (beliebiges

Zeichen oder Zeichenfolge) ausgewählt werden. Wurde die Analyse-art AC aktiviert, können weitere Attribute ausgewählt werden:

MAG	Betrag
PHASE	Phase
REAL	Realteil
IMAG	Imaginärteil
DB	Betrag in Dezibel

Die Eingabe erfolgt auch hier durch Doppelklicken auf das jeweilige Attribut und Eingabe eines beliebigen Zeichens oder einer Zeichen-folge. Die einzelnen Eingaben werden mit der Return-Taste abge-schlossen. Durch Anklicken von *OK* wird die Eingabe beendet.

5.1.1.3 Bauteil VPRINT2

Das Bauteil VPRINT2 ist ein .PRINT-Symbol, das an zwei Knoten angeschlossen wird. Es dient zur Ausgabe von Spannungen als Ta-belle. Durch Doppelklicken auf das Bauteil VPRINT2 erscheint das Statusdialogfenster analog zu VPRINT1. Die Eingabe erfolgt auf dieselbe Weise. Es stehen die gleichen Attribute wie bei VPRINT1 zur Verfügung.

5.1.1.4 Bauteile VPLOT1 und VPLOT2

Bei diesen Bauteilen handelt es sich um .PLOT-Symbole. Sie dienen zur Ausgabe von Spannungen als Diagramm. VPLOT1 wird nur an einen Knoten angeschlossen. der zweite Knoten ist automatisch der

Massepunkt. VPLOT2 dagegen wird an zwei Knoten angeschlossen. Die Eingabe der Attribute der .PLOT-Symbole erfolgt wie in Kapitel 5.1.1.2 bei Bauteil VPRINT1 beschrieben. Es stehen dieselben Attribute wie bei VPRINT1 zur Verfügung.

5.1.1.5 Bauteile IPRINT und IPLOT

Das Bauteil IPRINT ist ein .PRINT-Symbol und dient zur Ausgabe von Strömen als Tabelle. Das Bauteil IPLOT ist ein .PLOT-Symbol und dient zur Ausgabe von Strömen als Diagramm. Beide Symbole werden an zwei Knoten angeschlossen. Die Einstellungen zu beiden Symbolen erfolgen wie in Kapitel 5.1.1.2 bei VPRINT1 beschrieben. Es stehen dieselben Attribute wie dort zur Verfügung.

5.1.2 Ausgabeformat im Ausgabedatensatz <Schaltungsname>.OUT

Die Ergebnisse des Simulationsprogrammes PSpice werden in der Datei <Schaltungsname>.OUT abgelegt. Diese Datei besteht aus mehreren Gruppen:

(1) Die Schaltungsbeschreibung, bestehend aus den Dateien <Schaltungsname>.CIR, <Schaltungsname>.NET und <Schaltungsname>.ALS.
Die Datei <Schaltungsname>.CIR enthält die Analyseangaben, Ausgabeanweisungen und bindet die Dateien <Schaltungsname>.NET und <Schaltungsname>.ALS als Include-Dateien ein.

Sie darf nicht mit der CIR-Datei älterer PSpice-DOS-Versionen verwechselt werden!

Die Datei <Schaltungsname>.NET enthält die Netzliste mit der Bauteilliste und den Knoten sowie die Ausgabeanweisungen .PRINT und .PLOT.

Die Datei <Schaltungsname>.ALS beinhaltet eine Liste mit den "Alias"-Namen für die Bauteile.

(2) Die direkten Ausgaben der verschiedenen Analysearten. Bei den nachfolgenden Analysearten wird die Ausgabe der berechneten Werte in der Datei <Schaltungsname>.OUT abgelegt. Die Aktivierung der Analysearten wird in Schematics unter dem Hauptmenüpunkt *Analysis* und dessen Untermenüpunkt *Setup* vorgenommen. Im Dialogfenster *Analysis Setup* können die Analysearten ausgewählt und eingegeben werden:

a) Berechnung des Gleichstromarbeitspunktes
   .OP-Anweisung in Datei <Schaltungsname>.OUT.
   Die Definition erfolgt durch Anklicken von *Bias Point Detail* im Dialogfenster *Anaylysis Setup*.

b) Gleichstrom-Kleinsignalanalyse
   .TF-Anweisung in Datei <Schaltungsname>.OUT.
   Nach Anklicken von *Transfer Function* kann im Dialogfenster *Transfer Function* die Ausgabevariable (*Output Variable*) und die Eingangsquelle (*Input Source*) eingegeben werden.

c) Gleichstrom-Empfindlichkeitsanalyse
   .SENS-Anweisung in Datei <Schaltungsname>.OUT.
   Nach Anklicken von *Sensitivity* können im Dialogfenster *Sensitivity Analysis* die Ausgabevariablen eingegeben werden.

d) Rauschanalyse

.NOISE-Anweisung in Datei <Schaltungsname>.OUT.

Bei der direkten Ausgabe wird hier eine ausführliche Tabelle ausgegeben.

Durch Anklicken von *AC Sweep* kann die Rauschanalyse im Dialogfenster *AC Sweep and Noise Analysis* aktiviert wer-den. Hierzu muß das Kästchen vor *Noise Enabled* im Teil *Noise Analysis* angeklickt werden. Im Kästchen erscheint dann ein Kreuz. Außerdem muß die Ausgangsspannung (*Output Voltage*) und eine Strom- bzw. Spannungsquelle (*I/V Source*) eingegeben werden.

e) Fourier-Analyse

.FOUR-Anweisung in Datei <Schaltungsname>.OUT.

Durch Anklicken von *Transient* kann die Fourier-Analyse im Dialogfenster *Transient* aktiviert werden. Hierzu muß das Kästchen vor *Enable Fourier* im Teil *Fourier Analysis* ange-klickt werden. Im Kästchen erscheint dann ein Kreuz. Außer-dem müssen die Grundfrequenz (*Center Frequency*), die An-zahl der Harmonischen (*Number of harmonics*) und die Aus-gabevariablen (*Output Vars.*) eingegeben werden.

Die direkten Ausgaben werden automatisch in der Datei <Schal-tungsname>.OUT abgelegt, wenn die entsprechende Analyseart durch Anklicken des dazugehörigen Kästchens im Dialogfenster *Analysis Setup* aktiviert wird.

(3) Die Rechenwerte als Tabelle und als Diagramm, die durch die .PRINT- und .PLOT-Symbole erzeugt werden.

a) Gleichstromanalyse

.DC-Anweisung in der Datei <Schaltungsname>.OUT.

b) Wechselstrom-Kleinsignalanalyse
.AC-Anweisung in der Datei <Schaltungsname>.OUT.

c) Zeitanalyse
.TRAN-Anweisung in der Datei <Schaltungsname>.OUT.

(4) Die Modellparameter von Bauelementen werden aufgelistet, wenn diese aus einer Bibliothek aufgerufen werden. Diese Ausgabe kann durch die Anweisung *NOMOD* innerhalb der .OPTIONS-Anweisung unterdrückt werden. Hierzu muß im Dialogfenster *Analysis Setup* (Hauptmenüpunkt *Analysis*, Untermenüpunkt *Setup*) die Schaltfläche *OPTIONS* angeklickt werden. Dann kann der Parameter *NOMOD* durch Doppelklicken aktiviert werden. Es erscheint ein "Y" in der zweiten Spalte der linken Auswahlliste.

(5) Am Ende der Datei <Schaltungsname>.OUT trägt PSpice Angaben über die Ausführung der Analyse ein. Hier stehen Informationen wie die benötigte Rechenzeit oder der für die Ausführung der Analyse benötigte Speicherplatz.

5.2 Ausgabe als Grafik mit dem Programm Probe

Im Programmpaket MicroSim PSpice ist der grafische Postprozessor Probe enthalten. Dieser ermöglicht es, die mit PSpice berechneten Analysen auf dem Monitor in einer anschaulichen Form darzustellen. In Probe ist es möglich, die berechneten Darstellungen als präsentationsfähige Grafik auf einem Drucker oder Plotter durch Anwahl des Hauptmenüpunktes *File* und dessen Untermenüpunkt *Print* auszugeben. Diese Darstellungen der Simulationsergebnisse (z.B. Spannungskurven etc.) sind von wesentlich höherer Qualität als die Ausgabe, die mit den .PLOT-Symbolen in Schematics erreicht werden kann. Das Programm Probe ist im Prinzip nichts anderes als ein "Software-Oszilloskop", mit dem die Simulationsergebnisse betrachtet werden können. Dies ist für den Laborbetrieb von großem Nutzen, da Schaltungen vor der Realisierung im Rechner simuliert werden können. Meßergebnisse der realisierten Schaltung können zum Vergleich von Simulation und Messung in die Ausdrucke eingetragen werden, die somit ein nützliches Werkzeug für die Entwicklung darstellen.

5.2.1 Starten von Probe

Durch Anklicken des Hauptmenüpunktes *Analysis* und dessen Untermenüpunkt *Probe Setup* erscheint das Dialogfenster *Probe Setup*. Hier können Einstellungen vorgenommen werden, wie Probe nach der Simulation eingesetzt werden soll.

Unter *Auto-run Option* kann zwischen folgenden Punkten gewählt werden:

- *Automatically Run Probe After Simulation*
  Nach der Simulation wird Probe automatisch gestartet.

- *Monitor Waveforms (Auto-Update)*
  Probe wird sofort gestartet und die Kurve wird bereits während der Simulation mitgezeichnet.

- *Do Not Auto-Run Probe*
  Die Daten werden nur in die Datei <Schaltungsname>.DAT geschrieben, Probe wird nicht gestartet.

Nur eine der drei Optionen kann hierbei ausgewählt werden.

Das Dialogfenster *Probe Setup* enthält unter *At Probe Startup* als weitere Optionen:

- *Restore Last Probe Session*
  Das zuletzt in Probe dargestellte Plotfenster (ggf. auch mehrere) wird automatisch geladen und angezeigt.

- *Show All Markers*
  In Probe werden alle Kurven dargestellt, für die Marker in Schematics festgesetzt wurden.

- *Show Selected Markers*
  In Probe werden die Kurven dargestellt, für die Marker auf der aktuellen Seite in Schematics ausgewählt wurden.

- *None*
  Beim Starten von Probe werden keine Kurven automatisch dargestellt.

Nur eine der vier Optionen kann hierbei aktiv sein.

Weitere Optionen unter *Data Collection* sind:

- *At Markers Only*
  Bei der Simulation werden nur Daten der markierten Knoten und
  Bauelemente in der Datei <Schaltungsname>.DAT gespeichert.

- *All*
  Daten aller Knoten und Bauteile werden bei der Simulation gespeichert.

- *All Except Internal Subcircuit Data*
  Alle Daten, mit Ausnahme derer der Unterschaltungen (Subcir-
  cuits), werden gespeichert.

- *None*
  Es werden keine Daten in der Datei <Schaltungsname>.DAT gespeichert.

Nur eine dieser vier Optionen kann aktiv sein.

Die gewählten Optionen sind durch einen Punkt im Kreis markiert.

Damit die PSpice-Berechnungsdaten auch auf anderen Computer-
systemen gelesen werden können, besteht die Möglichkeit, im Dialogfenster *Probe Setup* das ASCII-Format anstelle des sehr kompak-
ten Binärformates zum Abspeichern zu wählen. Hierzu muß das
Kästchen vor *Text Data File Format (CSDF)* angeklickt werden. Ist
dieses Format ausgewählt, enthält das Kästchen ein Kreuz.

Das Dialogfenster *Probe Setup* wird nach der Auswahl der Optionen
durch Anklicken von *OK* geschlossen.

Das Programm Probe kann auf drei Arten gestartet werden:

(1) Direkt aus dem Programm-Manager von Windows:
Zunächst muß die Programmgruppe MicroSim Eval 6.2 durch
Anklicken geöffnet werden. Danach muß das Symbol Probe doppelt angeklickt werden. Probe wird dann gestartet. Unter dem
Hauptmenüpunkt *File* kann nun durch Wahl des Untermenüpunktes *Open* die Datei <Schaltungsname>.DAT, die die Simulationsdaten enthält, geladen werden.

(2) Starten von Probe aus dem Programm Schematics:
In Schematics wird die gewünschte Schaltung geladen. Falls die
Datei <Schaltungsname>.DAT bereits existiert, kann Probe unter
dem Hauptmenüpunkt *Analysis* und dessen Untermenüpunkt *Run
Probe* gestartet werden. Die Simulationsdaten der in Schematics
dargestellten Schaltung werden automatisch geladen. *Run Probe*
kann auch durch Drücken der Funktionstaste F12 direkt gewählt
werden.

Anmerkung: Um *Run Probe* ausführen zu können, muß eine
Schaltung, für die die Datei <Schaltungsname>.DAT
mit Simulationsdaten bereits existiert, geladen sein.

(3) Automatisch nach einer Schaltungssimulation:
Durch Wahl der Option *Automatically Run Probe after Simulation* im Dialogfenster *Probe Setup*.

Wird Probe vom Programm-Manager aus gestartet, so muß die Datei
noch im *File*-Menü durch Wahl des Untermenüpunktes *Open* ausgewählt werden.

Wenn die Datei <Schaltungsname>.DAT geladen wird, kann es vor-
kommen, daß der Benutzer durch mehrere Dialogfenster aufgefordert
wird, eine Auswahl zu treffen.

Zunächst muß die Analyseart festgelegt werden. Das Dialogfenster *Analysis Type* erscheint, wenn in der Schaltung mehrere Analysearten für die Simulation festgelegt wurden. In diesem Dialogfenster kann durch Anklicken einer Schaltfläche eine Analyseart ausgewählt werden. Es stehen folgende Analysearten zur Verfügung:

AC	-	Wechselstrom-Kleinsignalanalyse
DC	-	Gleichstromanalyse
Transient	-	Zeitanalyse

Die Analyseart kann auch durch Eingabe des unterstrichenen Buchstabens gewählt werden. Eine nicht zur Verfügung stehende Analyseart wird durch eine ausgeblendete Schaltfläche dargestellt und kann nicht gewählt werden. Dies ist dann der Fall, wenn die Analyseart für die Simulation unter dem Hauptmenüpunkt *Analysis* und dessen Untermenüpunkt *Setup* in Schematics nicht aktiviert wurde. Falls hier nur eine der drei Analysearten aktiviert wurde, erscheint das Dialogfenster *Analysis Type* nicht.

Wurde eine Analyseart gewählt, erscheint das Dialogfenster *Available Sections*, falls die Simulation mit einem Parameter durchgeführt wurde oder eine Monte Carlo-, Worst Case- oder Temperatur-Analyse enthält. Das Beispiel Reihenschwingkreis in Kapitel 5.3 enthält einen Widerstand als Parameter, der verschiedene Werte annimmt.

Die Simulationsteile können einzeln durch Anklicken mit der Maus ausgewählt werden, oder gleichzeitig durch Anklicken der Schaltfläche *All*. Durch Anklicken von *None* wird die Auswahl rückgängig gemacht. Ausgewählte Simulationsteile werden farblich invers dargestellt. Eine Auswahl ohne Maus kann in der Liste mit den Tasten ↑ und ↓ vorgenommen werden. Die Simulationsteile werden dann durch Drücken der Leertaste markiert. Die Auswahl wird durch Anklicken der Schaltfläche *OK* abgeschlossen. Durch Anklicken der Schaltfläche *Cancel* wird das Laden der Ausgabedatei abgebrochen.

Falls kein Simulationsteil ausgewählt und die Schaltfläche *OK* angeklickt wurde, erscheint die Fehlermeldung, daß mindestens ein Simulationsteil gewählt werden muß. Nachdem die Schaltfläche *OK* angeklickt wurde, erscheint dann wieder das Dialogfenster *Available
Sections*.

Falls der Ausgabedatensatz Daten enthält, die sich widersprechen, erscheint das Dialogfenster *Inconsistent Sections*. Dies ist der Fall,
wenn beispielsweise verschiedene Schaltkreise mit denselben Bauteil-
en (aber mit unterschiedlichen Knotennummern) in der Datei
<Schaltungsname>.CIR durch .END-Anweisungen getrennt aneinan-
dergereiht werden.

Beispiel:

.

.

R1 2 3 5Ohm

.

.

.

.END

.

.

.

R1 4 5 5Ohm

.

.

.END

Des weiteren kann dies auftreten, wenn in Probe durch Wahl des Untermenüpunktes *Append* unter dessen Hauptmenüpunkt *File* eine weitere Datei mit Simulationsergebnissen hinzugeladen wird.

In diesem Dialogfenster stehen zwei Schaltflächen zur Auswahl:

Skip Inconsistent Sections: Simulationsteile, welche unterschiedliche Knotennamen enthalten, werden nicht verwendet.

Do Not Skip Sections: Alle Simulationsteile werden verwendet.

Existiert die Datei <Schaltungsname>.PRB nicht und befinden sich im Verzeichnis, in dem die Datei <Schaltungsname>.DAT mit den Simulationsdaten steht, eine oder mehrere der Dateien probe.dsp, probe.gf und probe.mac, so erscheint das Dialogfenster *Probe*. Durch Anklicken der Schaltfläche *Ja* wird die Datei <Schaltungsname>.PRB aus den Dateien probe.dsp, probe.gf und probe.mac erzeugt. Wählt man die Schaltfläche *Nein*, so wird keine Datei <Schaltungsname>. PRB angelegt. Inhalt und Aufbau der Datei <Schaltungsname>.PRB wird später beschrieben.

Konnte keine Datei <Schaltungsname>.DAT erzeugt werden (durch Anklicken der Schaltfläche *Nein* oder weil keine der Dateien probe .dsp, probe.gf und probe.mac existiert), so wird die in der Datei msim_ev.ini bei der Variable PRBFILE im Bereich [PROBE] angegebene globale Datei <Schaltungsname>.PRB verwendet.

5.2.2 Das Probe-Fenster

Im Probe-Fenster erfolgt die grafische Darstellung der gewählten Simulationen. Dort können beliebig viele Plotfenster mit Simulationskurven geöffnet werden. Am oberen Rand des Probe-Fensters befindet sich die Titelleiste. Danach folgen Hauptmenüleiste und Symbolleiste. Am unteren Rand befindet sich die Statuszeile.

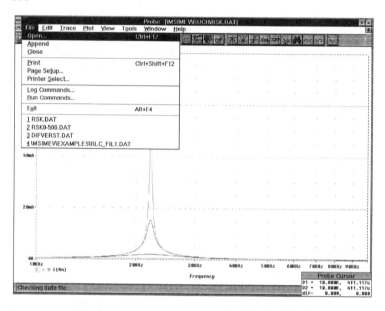

Abbildung 5.2.2-1: Das Probe-Fenster mit einem geöffneten Plotfenster und ge-
öffnetem *File*-Menü.

Die einzelnen Menüs der Hauptmenüleiste können durch direktes Anklicken oder durch gleichzeitiges Drücken der Alt-Taste und der
Buchstabentaste des jeweiligen unterstrichenen Buchstabens geöffnet
werden. Die so geöffneten Pull-Down-Menüs enthalten Untermenüpunkte und Befehle, die durch Anklicken oder durch Drücken des
unterstrichenen Buchstabens gewählt werden können. Im folgenden
werden die einzelnen Menüs der Hauptmenüleiste und die jeweiligen
Untermenüs beschrieben.

5.2.2.1 Das *File*-Menü

Das *File*-Menü enthält Untermenüpunkte, die für die Handhabung von Dateien (Files) wie z.b. Öffnen, Schließen und Drucken benötigt werden. In Abbildung 5.2.2-1 ist das geöffnete *File*-Menü dargestellt.

Open (Strg+F12)

Durch Anklicken des Untermenüpunktes *Open* im *File*-Menü erscheint das Dialogfenster *Datei öffnen* (siehe Abb. 5.2.2.1-1).

Im Dialogfenster wird die Datei <Schaltungsname>.DAT mit Simulationsdaten ausgewählt, für deren Darstellung ein neues Plot-Fenster geöffnet wird.

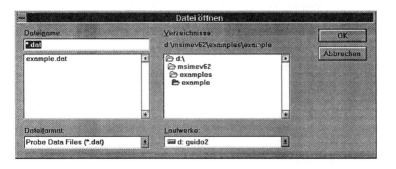

Abbildung 5.2.2.1-1: Dialogfenster *Datei öffnen*

Im Listenfeld *Verzeichnisse* kann das gewünschte Verzeichnis durch Doppelklicken geöffnet werden. Im Listenfeld *Dateiname* werden dann alle Dateien, die dem gewählten Dateityp im Feld *Dateiformat* entsprechen, angezeigt. Im Feld *Dateiformat* stehen folgende Formate zur Auswahl:

Probe Data Files (*.dat) Dateien mit Simulationsdaten im Binär-Format

CSDF Data Files (*.txt) Dateien mit Simulationsdaten im ASCII-Format

All Files (*.*)   Alle Dateien

Durch Doppelklicken auf einen Dateinamen werden die Simulations-daten geladen. Falls man einen Dateinamen durch einfaches Anklik-ken (Dateiname wird dann invers dargestellt) markiert hat, können die Simulationsdaten durch Anklicken der Schaltfläche *OK* geladen werden.

Im Feld *Laufwerke* können die verschiedenen Laufwerke des Rech-ners gewählt werden.

Die Auswahl in den Feldern *Dateiformat* und *Laufwerke* erfolgt durch Anklicken des Pfeils im Kästchen rechts neben dem Feld. Dar-aufhin erscheint ein Listenfeld mit den verschiedenen Wahlmöglich-keiten. Durch Anklicken wird einer der zur Verfügung stehenden Li-steneinträge ausgewählt.

Falls der Platz zur Darstellung aller Einträge in den Listenfeldern nicht ausreicht, befinden sich am rechten Rand des Listenfeldes Bild-laufleisten. Durch Anklicken der Pfeile der Bildlaufleisten (↓ und ↑) gelangt man zum gewünschten Eintrag.

Durch Anklicken der Schaltfläche *Abbrechen* kann das Dialogfenster *Datei öffnen* geschlossen werden, ohne daß eine Datei mit Simulationsergebnissen geladen wird.

Anmerkung: Beim Laden einer Datei mit Simulationsdaten überprüft Probe, ob bei der Simulation Fehler aufgetreten sind. Auf diese wird durch das automatisch erscheinende Dialogfenster *Simulation Error Message* hingewiesen. Durch Anklicken der Schaltfläche *Cancel* werden die Fehlermeldungen ignoriert, durch Anklicken der Schaltfläche *Display* werden die Fehlermeldungen im Dialogfenster *Simulation Message Summary* dargestellt.

Append

Durch Anklicken des Untermenüpunktes *Append* im *File*-Menü erscheint das Dialogfenster *Append*. Es entspricht dem Dialogfenster *Datei öffnen* (siehe Abb. 5.2.2.1-1). Die Auswahl einer Datei erfolgt wie bereits bei *Open* beschrieben.

Die ausgewählte Datei mit Simulationsdaten (oder nur Bereiche daraus, also ein bestimmter Simulationsteil) wird in das ausgewählte Plotfenster geladen. Es können nur Simulationsdaten der bereits geladenen Analyseart dazugeladen werden. Enthält die Datei, die im Dialogfenster *Append* gewählt wurde, mehrere Analysearten, so wird die bereits im Plotfenster vorhandene Analyseart automatisch ausgewählt. Gibt es in der gewünschten Datei die im Plotfenster eingestellte Analyseart nicht, so erscheint das Dialogfenster *Probe* mit der Fehlermeldung, daß die gewählte Datei die bereits geladene Analyseart nicht enthält. Durch Klicken auf die Schaltfläche *OK* wird das Dialogfenster *Probe* geschlossen.

Falls das Plotfenster bereits Simulationskurven enthält, werden die entsprechenden Simulationskurven der hinzugeladenen Datei nach Wahl des Untermenüpunktes *Redraw* im *View*-Menü ebenfalls dargestellt.

Hinweis: Falls die Datei <Schaltungsname>.PRB der hinzugeladenen Simulation gleiche Namen für Makros, Konfigurationen (Displays) oder Zielfunktionen enthält wie eine .PRB-Datei bereits geladener Simulationen, so erfolgt im Dialogfenster *Probe* eine Warnung. Nach Anklicken der Schaltfläche *OK* kann es zu einem Win32s-Fehler im Programm PROBE .EXE kommen und Probe wird beendet.

Close

Anklicken des Untermenüpunktes *Close* im *File*-Menü schließt das gerade aktive Plotfenster und die hierfür benutzte Datei mit Simulationsdaten.

Anmerkung: Sind mehrere Plotfenster geöffnet, die auf die gleiche Datei zugreifen, so werden alle diese Plotfenster geschlossen.

Print (Strg+Shift+F12)

Durch Anklicken des Untermenüpunktes *Print* im *File*-Menü erscheint das Dialogfenster *Print*.

Im Listenfeld *Plots to Print* werden die Titel aller Plotfenster angezeigt, die gerade geöffnet sind. Zunächst sind alle Plotfenster ausgewählt. Wird ein Plot angeklickt, so ist nur noch dieser ausgewählt. Zur Auswahl von mehr als einem Plot muß die Strg-Taste gedrückt gehalten und die gewünschten Plots nacheinander angeklickt werden. Die Titel der ausgewählten Plotfenster werden dann invers dargestellt. Um alle Plots auszuwählen, ist lediglich die Schaltfläche *Select All* anzuklicken.

Durch Anklicken der Schaltfläche *Page Setup* können im Dialogfenster *Page Setup* die Einstellungen für die Ausgabe auf einen Drucker oder Plotter vorgenommen werden. Das Dialogfenster *Page Setup* wird weiter unten noch näher beschrieben.

Durch Anklicken der Schaltfläche *Printer Setup* erscheint das Dialogfenster für die Druckereinstellungen. Dieses Dialogfenster ist vom ausgewählten Drucker abhängig.

Durch Anklicken der Schaltfläche *Printer Select* kann im Dialogfenster *Printer Select* der voreingestellte Drucker gewechselt werden. Näheres hierzu beim Menüpunkt *Printer Select* weiter unten.

Im Feld *Copies* kann die Anzahl der gewünschten Kopien eingegeben werden. Die Voreinstellung ist 1.

Wird die Schaltfläche *OK* angeklickt, so wird die Ausgabe auf Drucker oder Plotter mit den vorgegebenen Einstellungen gestartet. Der Drucker oder Plotter, auf dem die Ausgabe erfolgt, wird bei *Current Printer* angezeigt.

Klickt man die Schaltfläche *Cancel* an, so verläßt man das Dialogfenster *Print*, ohne daß eine Ausgabe erfolgt.

Page Setup

Durch Anklicken des Untermenüpunktes *Page Setup* im *File*-Menü erscheint das Dialogfenster *Page Setup* (siehe Abb. 5.2.2.1-2).

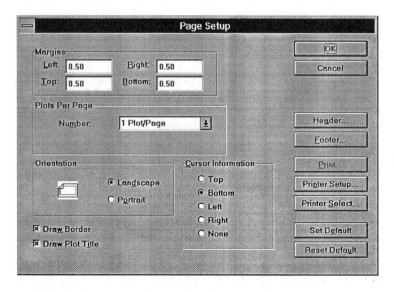

Abbildung 5.2.2.1-2: Dialogfenster *Page Setup*

Im Dialogfenster *Page Setup* werden die Einstellungen für die Ausgabe auf einen Drucker oder Plotter vorgenommen. Bei *Margins* kann die Größe der vier Seitenränder eingegeben werden. Die Eingabe bei *Left* (linker Rand), *Right* (rechter Rand), *Top* (oberer Rand) und *Bottom* (unterer Rand) muß in Inches erfolgen (1 inch = 2,54 cm).

Bei *Plots Per Page* kann im Feld *Number* angegeben werden, wieviele Plotfenster auf einer Seite beim Drucken oder Plotten dargestellt werden sollen. Durch Anklicken des Pfeils im Kästchen rechts neben dem Feld erscheint ein Listenfeld, in dem die Plots pro Seite ausgewählt werden können.

Bei *Orientation* kann das Format der Seite durch Anklicken von *Landscape* (Querformat) oder *Portrait* (Hochformat) ausgewählt werden. Die gewählte Option wird durch einen Punkt im Kreis markiert und links davon grafisch dargestellt.

Hinweis: Falls der Ausdruck im Hochformat erfolgt, obwohl im *Page Setup* Querformat gewählt wurde, im *Printer Setup* des Druckers ebenfalls Querformat einstellen.

Bei *Cursor Information* wird festgelegt, wo die Cursor-Werte bei der Ausgabe auf einen Drucker oder Plotter stehen sollen. Hierzu gibt es fünf Möglichkeiten:

Top	Cursor-Werte oberhalb des Plots
Bottom	Cursor-Werte unterhalb des Plots
Left	Cursor-Werte links vom Plot
Right	Cursor-Werte rechts vom Plot
None	keine Ausgabe der Cursor-Werte.

Die Auswahl erfolgt durch Anklicken und wird durch einen Punkt im Kreis vor der gewählten Option markiert.

Wurde die Option *Draw Border* durch Anklicken gewählt (Kreuz im Kästchen), so wird bei der Ausgabe ein Rahmen um jedes Plotfenster gezeichnet.

Wurde die Option *Draw Plot Title* durch Anklicken gewählt (Kreuz im Kästchen), so wird bei der Ausgabe zu jedem Plotfenster der Inhalt der Titelleiste des Fensters ausgedruckt oder geplottet.

Durch Anklicken der Schaltflächen *Header* bzw. *Footer* erscheinen die jeweiligen Dialogfenster, in denen die Einstellungen für die Kopf- bzw. Fußzeile, wie beispielsweise Datum und Uhrzeit, abgeändert werden können.

Code-Definitionen von Kopf- und Fußzeile:

&D	aktuelles Datum
&T	aktuelle Zeit
&N	Seitenzahl bei der Ausgabe
&A	Simulationsdatum der aktuellen Datei
&M	Simulationszeit der aktuellen Datei
&I	Simulationstitel der aktuellen Datei
&E	Simulationstemperatur der aktuellen Datei
&P	Parameter oder anderer Wert, der sich in den Simulationsteilen ändert.

Durch Anklicken der Schaltfläche *Print* erscheint das gleichnamige Dialogfenster, das dem beim Untermenüpunkt *Print* beschriebenen entspricht.

Durch Anklicken der Schaltfläche *Printer Setup* erscheint das Dialogfenster für die Druckereinstellungen. Dieses Dialogfenster ist vom ausgewählten Drucker abhängig.

Durch Anklicken der Schaltfläche *Printer Select* wird das gleichnamige Dialogfenster geöffnet, in dem der eingestellte Drucker gewechselt werden kann. Näheres hierzu beim Untermenüpunkt *Printer Select*.

Beim Anklicken der Schaltfläche *Set Default* werden die zu diesem Zeitpunkt vorhandenen Einstellungen des Dialogfensters *Page Setup* gespeichert und beim nächsten Aufruf des Dialogfensters als Voreinstellungen verwendet. Die Einstellungen bleiben auch erhalten, wenn das Programm Probe beendet wird.

Durch Anklicken der Schaltfläche *Reset Default* werden die ursprünglichen Einstellungen, die von MicroSim festgelegt wurden, wiederhergestellt. Die Einstellungen bleiben auch erhalten, wenn das Programm Probe beendet wird.

Durch Klicken auf die Schaltfläche *OK* werden die vorgenommenen Einstellungen übernommen und das Dialogfenster geschlossen.

Wird die Schaltfläche *Cancel* angeklickt, so werden die Einstellungen nicht übernommen und das Dialogfenster geschlossen.

Printer Select

Durch Anklicken des Untermenüpunktes *Printer Select* im *File*-Menü erscheint das Dialogfenster *Printer Select*, in welchem der Drucker bzw. Plotter gewechselt werden kann. Der zuletzt ausgewählte Drukker ist bei *Default Printer* angegeben und durch einen Punkt im Kreis markiert. Um einen anderen Drucker bzw. Plotter auszuwählen. muß *Specific Printer* angeklickt werden. Es erscheint ein Punkt im Kreis vor der Option. Die Auswahl erfolgt dann durch Anklicken des Pfeils im Kästchen rechts neben dem Feld, das den Drucker- bzw. Plotternamen enthält. Es erscheint ein Listenfeld, in dem der gewünschte Drucker bzw. Plotter ausgewählt werden kann.

Durch Anklicken der Schaltfläche *Setup* erscheint das Dialogfenster für die Druckereinstellungen. Dieses Dialogfenster ist vom ausgewählten Drucker abhängig und wird hier daher nicht beschrieben.

Mit Klicken auf die Schaltfläche *OK* wird der ausgewählte Drucker bzw. Plotter als Voreinstellung übernommen. Wird die Schaltfläche *Cancel* angeklickt, wird das Dialogfenster ohne Änderung verlassen.

Log Commands

Durch Anklicken des Untermenüpunktes *Log Commands* im *File*-Menü erscheint das Dialogfenster *Log File*, das dem Dialogfenster *Datei öffnen* entspricht. Bei *Dateiformat* stehen hier jedoch

Command Files (*.CMD)   und
All Files (*.*)

zur Verfügung.

Es kann ein Dateiname ausgewählt oder ein neuer Name eingegeben werden. Wird keine logische Erweiterung angegeben, so wird automatisch .CMD angehängt. Durch Klicken auf die Schaltfläche *OK* wird die ausgewählte oder eingegebene Datei geöffnet. Falls das Log-File bereits existiert, erscheint eine Warnung mit der Frage, ob dieses überschrieben werden soll. Durch Klicken auf die Schaltfläche *Ja* wird die Datei überschrieben, durch Klicken auf *Nein* wird das Öffnen der Datei abgebrochen.

Wenn eine Log-Datei geöffnet wurde, erscheint vor dem Menüpunkt *Log Commands* ein Häkchen. Von nun an werden alle Befehle, wie Aufrufen eines Menüpunktes, Laden von Kurven, usw. in dieser Datei aufgezeichnet. Um die Aufzeichnungen zu beenden, muß der Menüpunkt *Log Commands* nochmals angeklickt werden.

Run Commands

Durch Anklicken des Untermenüpunktes *Run Commands* im *File*-Menü erscheint das Dialogfenster *Run Command File*, das dem Dialogfenster *Log File* entspricht. Wenn eine Datei ausgewählt und die Schaltfläche *OK* angeklickt wurde, wird das zugehörige Log-File abgespielt und die darin enthaltenen Befehle usw. ausgeführt. Wird die Schaltfläche *Abbrechen* angeklickt, wird das Dialogfenster ohne Abspielen des Log-Files verlassen.

Exit (Alt+F4)

Durch Anklicken des Untermenüpunkts *Exit* im *File*-Menü werden alle Plotfenster geschlossen und das Programm Probe beendet.

1 <Schaltungsname1>.DAT, 2 <Schaltungsname2>.DAT, 3 <Schaltungsname3>.DAT und 4 <Schaltungsname4>.DAT

Hier werden die vier zuletzt geladenen Dateien mit Simulationsdaten aufgelistet, wobei bei *1 <Schaltungsname1>.DAT* die zuletzt geladene Datei steht.

Durch Anklicken des Dateinamens hinter der Zahl werden die Simulationsdaten direkt geladen.

5.2.2.2 Das *Edit*-Menü

Das *Edit*-Menü enthält Befehle, um Objekte zu löschen, zu kopieren oder abzuändern.

Cut (Strg+X)

Anklicken des Untermenüpunktes *Cut* des *Edit*-Menüs löscht die ausgewählten und markierten Objekte. Es kann auch nur ein Objekt markiert sein. Die zuletzt gelöschten Objekte sind in der Zwischenablage abgelegt und können mit dem Untermenüpunkt *Paste* wieder eingefügt werden.

Wie mehrere Objekte markiert werden können, wird im Untermenüpunkt *Label* des *Tools*-Menüs bzw. im Untermenüpunkt *Add* des
Trace-Menüs beschrieben.

Copy (Strg+C)

Durch Anklicken des Untermenüpunktes *Copy* des *Edit*-Menüs werden ausgewählte und markierte Objekte in die Zwischenablage kopiert. Die zuletzt in die Zwischenablage kopierten Objekte können
mit dem Untermenüpunkt *Paste* wieder in einem Plotfenster eingefügt
werden. Auf diese Weise können Texte und grafische Elemente von
einem Plotfenster in ein anderes kopiert werden.

Paste (Strg+V)

Anklicken des Untermenüpunktes *Paste* im *Edit*-Menü fügt den Inhalt
der Zwischenablage (Objekt bzw. Objekte, die mit *Cut* bzw. *Copy* in
der Zwischenablage abgelegt wurden) in das aktive Plotfenster ein.
Das Objekt kann im Plotfenster mit der Maus an die gewünschte Position bewegt und durch Drücken der linken Maustaste positioniert
werden.

Handelt es sich bei dem Objekt um eine oder mehrere Simulationskurven, so enthält die Zwischenablage nur den Namen der Kurve.
Beim Einfügen mit *Paste* werden die Simulationsdaten aus der geöffneten Datei des aktuellen Plotfensters geladen. Sind im Plotfenster
eine oder mehrere Kurven ausgewählt, so fügt *Paste* die Kurve aus
der Zwischenablage vor die erste markierte (ausgewählte) Kurve ein.
Ist keine Kurve markiert, so wird die Kurve aus der Zwischenablage
als letzte dargestellt.

Delete (Entf-Taste)

Durch Anklicken des Untermenüpunktes *Delete* im *Edit*-Menü werden die ausgewählten bzw. markierten Objekte gelöscht. Die Objekte werden bei *Delete* nicht in der Zwischenablage gespeichert und können nach Entfernen nicht wieder eingefügt werden!

Modify Object

Durch Anklicken des Untermenüpunktes *Modify Object* im *Edit*-Menü kann der Inhalt eines einzelnen markierten Objektes geändert werden. Falls mehrere Objekte markiert sind, ist *Modify Object* nicht verfügbar und ausgeblendet.

Folgende Objekte können mit *Modify Object* geändert werden:

- Eingabeformel für eine Kurve
  Es erscheint das Dialogfenster *Modify Trace*, das dem Dialogfenster *Add Trace* entspricht (siehe Untermenüpunkt *Add* des *Trace*-Menüs). Es kann eine Eingabeformel aus der Liste ausgewählt bzw. eingegeben oder die vorhandene Eingabeformel abgeändert werden.

- Beschriftung mit Text
  Es erscheint das Dialogfenster *Text Label*, in dem der vorhandene Text abgeändert oder neu eingegeben werden kann. Die Beschreibung des Dialogfensters erfolgt bei *Text* des Untermenüpunktes *Label* im *Tools*-Menü.

- Inklinationswinkel einer Ellipse
  Es erscheint das Dialogfenster *Ellipse Label*, in dem im Eingabefeld der Inklinationswinkel geändert oder neu eingegeben werden kann. Die Beschreibung des Dialogfensters erfolgt bei *Ellipse* des Untermenüpunktes *Label* im *Tools*-Menü.

Modify Title

Durch Anklicken des Untermenüpunktes *Modify Title* im *Edit*-Menü erscheint das Dialogfenster *Modify Window Title*, in dem der Titel des aktiven Plotfensters geändert oder neu eingegeben werden kann. Die Eingabe erfolgt in der Eingabezeile im Dialogfenster und wird durch Klicken auf die Schaltfläche *OK* in das aktive Plotfenster übernommen. Durch Anklicken der Schaltfläche *Cancel* wird das Dialogfenster *Modify Window Title* ohne Ändern des Titels im Plotfenster verlassen.

5.2.2.3 Das *Trace*-Menü

Das *Trace*-Menü enthält Untermenüpunkte, mit denen Simulationskurven in die Plotfenster eingefügt, Macros erstellt und Zielfunktionen ausgeführt werden können.

Add (Einfg-Taste)

Durch Anklicken des Untermenüpunktes *Add* im *Trace*-Menü erscheint das Dialogfenster *Add Traces* (siehe Abb. 5.2.2.3-1).

Mit *Add* können eine oder mehrere analoge oder digitale Simulationskurven in den ausgewählten Plot des aktiven Plotfensters eingefügt werden.

In der Eingabezeile *Trace Command* muß ein Variablenname (z.B. V(4)) oder eine Formel bzw. ein arithmetischer Ausdruck, der einen Variablennamen enthalten kann (z.B. ABS(V(4)) + V(5)), eingegeben werden. Es können auch mehrere Variablen und Eingabeformeln gleichzeitig eingegeben werden. Sie müssen jedoch durch ein Leerzeichen oder Komma voneinander getrennt sein.

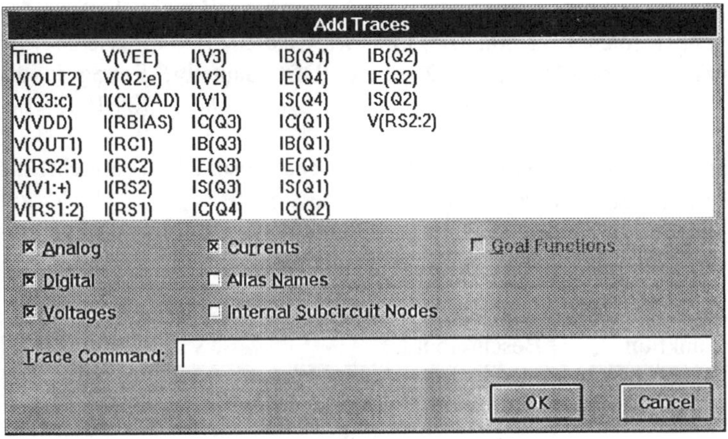

Abbildung 5.2.2.3-1: Dialogfenster *Add Traces*

Für die Gleichstrom- und die Zeitanalyse (DC und Transient) hat die Ausgabevariable folgende Form:

> V(<Knoten1>,<Knoten2>), wobei Knoten 2 weggelassen werden kann und dann automatisch "0" (Ground) gesetzt wird.

> I(<Bauteil>)

Für die Wechselstrom-Kleinsignalanalyse (AC) gibt es folgende Möglichkeiten:

VR(<Knoten1>,<Knoten2>) bzw. IR(<Bauteil>)   Realteil
VI(<Knoten1>,<Knoten2>) bzw. II(<Bauteil>)   Imaginärteil
VM(<Knoten1>,<Knoten2>) bzw. IM(<Bauteil>)   Betrag (M
                                              kann ent-
                                              fallen)
VP(<Knoten1>,<Knoten2>) bzw. IP(<Bauteil>)   Phase
VDB(<Knoten1>,<Knoten2>) bzw. IDB(<Bauteil>) Betrag in dB
                                              (20•lg (...))

Bei der Eingabe sind auch arithmetische Ausdrücke (Formeln) als
Ausgabevariablen zugelassen. Die Operatoren "+", "-", "*", "/" zusammen mit runden Klammern "(" und ")" sowie folgende Funktionen können bei der Eingabe verwendet werden:

Funktion	Beschreibung
ABS(x)	$|x|$, Betrag von x
SGN(x)	+1 für x > 0, -1 für x < 0 und 0 für x = 0, Signumfunktion
SQRT(x)	$\sqrt{x}$, Quadratwurzel von x
EXP(x)	e^x, Exponent
LOG(x)	ln(x), Logarithmus zur Basis e
LOG10(x)	lg(x), Logarithmus zur Basis 10
M(x)	Größe von x (Zeigerlänge komplexer Größen)
P(x)	Phase von x (Ergebnis in Grad)
R(x)	Realteil von x
IMG(x)	Imaginärteil von x
G(x)	Gruppenlaufzeit von x (Ergebnis in Sekunden)

Funktion	Beschreibung
PWR(x,y)	$|x|^y$, Betrag von x hoch y
SIN(x)	sin(x), Sinus von x (x in rad)
COS(x)	cos(x), Cosinus von x (x in rad)
TAN(x)	tan(x), Tangens von x (x in rad)
ATAN(x)	$\tan^{-1}(x)$, Arcustangens von x (Ergebnis in rad)
ARCTAN(x)	$\tan^{-1}(x)$, Arcustangens von x (Ergebnis in rad)
d(x)	Ableitung von x nach der Abszissenvariablen
s(x)	Integral von x über dem Bereich der Abszissenvariablen
AVG(x)	Mittelwert von x über dem Bereich der Abszissenvariablen
AVGX(x,d)	Mittelwert von x (von x-d bis x) über dem Bereich der Abszissenvariablen
RMS(x)	Effektivwert (RMS-Wert = root mean square) von x über den Bereich der Abszissenvariablen
DB(x)	Betrag von x in dB
MIN(x)	Minimum des Realteiles von x
MAX(x)	Maximum des Realteiles von x

Beispiel für einen arithmetischen Ausdruck, der eine Funktion enthält:

SQRT(V(1,2)) Wurzel aus der Spannung zwischen Knoten1 und Knoten2

Außerdem können auch Makros, die im Dialogfenster *Macros* definiert wurden, eingegeben werden. Siehe hierzu Menüpunkt *Macro*.

Wurden mehrere Simulationsteile ausgewählt, beispielsweise bei der Verwendung der Analyseart *Parametric*, so erhält man für jeden Variablennamen und für jeden arithmetischen Ausdruck (Formel) entsprechend viele Kurven. Sollen die Kurven einzeln dargestellt werden, um sie beispielsweise zu normieren, so kann dies durch Anhängen von "@i" erfolgen. Wird "@i" weggelassen, werden alle Kurven der Analyse dargestellt.

Beispiel:

I(Rm)@1/66.666mA I(Rm)@2/15.385mA I(Rm)@3/1.9418mA

(siehe auch Beispiel Reihenschwingkreis in Kapitel 5.3)

Bei der Eingabe einer Kurve kann eine bereits eingegebene Kurve als Variable in einem arithmetischen Ausdruck einer neuen Kurve benutzt werden. Die bestehende Kurve ist als #<Kurven-Nummer> definiert.

Beispiel:

VR(4)   sei die erste eingegebene Kurve, d.h. am unteren Rand des Plots ganz links.

ABS(#1)+4 Formel für die neue Kurve, d.h. ABS(VR(4))+4

Wenn eine Kurve auf diese Weise bei anderen Kurven verwendet wird, erfolgt beim Löschen die Warnung, ob diese Kurve und alle, die sie enthalten, gelöscht werden sollen.

Durch Anklicken der Schaltfläche *OK* werden alle Kurven gelöscht, durch Anklicken von *Abbrechen* werden die Kurven nicht entfernt.

Variablen können auch aus der Liste im oberen Teil des Dialogfensters *Add Traces* durch Anklicken der gewünschten Variablen in die Eingabezeile *Trace Command* eingefügt werden. Falls mehr Variablennamen vorhanden sind als in der Liste angezeigt werden können, befindet sich am unteren Rand des Listenfeldes eine Bildlaufleiste. Durch Anklicken der Pfeile (← und →) gelangt man zum gewünschten Eintrag. Wird ein Variablenname angeklickt, so wird dieser in der Eingabezeile *Trace Command* an Stelle des Cursors eingefügt oder am Ende angehängt.

Die Liste mit den Variablennamen enthält alle Variablen, die durch die Optionen darunter aktiviert sind. Folgende Optionen können durch Anklicken aktiviert werden:

Analog	Analoge Variablen
Digital	Digitale Variablen
Voltages	Spannungen
Currents	Ströme
Alias Names	Alias-Variablennamen
Internal Subcircuit Nodes	Variablen von Knoten interner Unterschaltkreise
Goal Functions	Zielfunktionen

Die aktiven Optionen werden durch ein Kreuz im Kästchen markiert.

Durch Anklicken der Schaltfläche *OK* werden die eingegebenen Kurven (dies kann auch nur eine sein) in den ausgewählten Plot des aktiven Plotfensters geladen. Durch Anklicken der Schaltfläche *Cancel* wird das Dialogfenster *Add Traces* geschlossen, ohne daß eine Kurve geladen wird.

Entfernen und Kopieren von Simulationskurven

Hierzu muß zunächst eine oder mehrere Simulationskurven folgendermaßen markiert werden:

Unterhalb des Plots befinden sich die Variablennamen, die eingegebenen Formeln (arithmetische Ausdrücke) oder Makronamen der dargestellten Kurven. Links neben der Bezeichnung befindet sich das jeweilige Kurvensymbol. Um eine Kurve zu markieren, muß der Variablenname, die Formel oder der Makroname der Kurve angeklickt werden. Sollen mehrere Kurven ausgewählt werden, so sind die Bezeichnungen der Kurven bei gedrückter Shift-Taste nacheinander anzuklicken. Bei digitalen Signalen befindet sich der Signalname auf der linken Seite des Plots direkt neben der Kurve und kann hier durch Anklicken markiert werden.

Die Bezeichnungen der ausgewählten Kurven werden farblich (rot statt schwarz) hervorgehoben.

Die Kurven können dann mit Hilfe des *Edit*-Menüs gelöscht (*Delete*) oder in die Zwischenablage kopiert (*Copy*) bzw. ausgeschnitten und abgelegt (*Cut*) werden.

Macro

Durch Anklicken des Untermenüpunktes *Macro* im *Trace*-Menü erscheint das Dialogfenster *Macros*. Darin befindet sich ganz oben die Eingabezeile *Definition*, in der ein Makro in folgender Form eingegeben werden kann:

<Makroname>[(arg[,arg])] = <Definition>
    mit arg = Argument

Beispiele: Inorm1(Rm) = I(Rm)@1/66.666mA
               Inorm2(2,3) = V(2,3)@1/92.450V
               Inorm3(Rm) = ABS(Inorm1(Rm))+1
               e = 2.7183

Für die Definition können die gleichen arithmetischen Ausdrücke wie beim Menüpunkt *Add* verwendet werden. Außerdem kann in die Definition eines neuen Makros ein bereits existierender Makroname eingebunden werden.

Anmerkung: Zwischen Makroname und der Klammer eines evtl. vorhandenen Argumentes darf kein Leerzeichen stehen.

Durch Anklicken der Schaltfläche *Save* wird das Makro gespeichert.

Im Listenfeld unter der Eingabezeile werden alle bereits definierten Makros aufgelistet. Sind mehr Makros vorhanden als im Listenfeld angezeigt werden können, so befindet sich am rechten Rand eine Bildlaufleiste. Durch Anklicken der Pfeile (↑ und ↓) gelangt man zum gewünschten Makro.

Das ausgewählte Makro kann durch Anklicken der Schaltfläche *Delete* gelöscht oder in der Eingabezeile *Definition* bearbeitet werden. Wurde das Makro bearbeitet, so muß dies durch Anklicken der Schaltfläche *Save* wieder gespeichert werden. Ändert man den Makronamen und klickt anschließend die Schaltfläche *Save*, so wird das Makro unter diesem Namen abgespeichert. Das alte Makro gibt es weiterhin. Mit dieser Methode können Makros kopiert werden.

Im Dialogfenster *Macros* besteht die Möglichkeit, Makros (bestehende sowie neu eingegebene) in anderen .PRB-Dateien zu speichern bzw. zu löschen. Durch Anklicken der Schaltfläche *Save To* erscheint das Dialogfenster *Save To File*, das dem Dialogfenster *Datei öffnen* entspricht. Hier kann, wie bei *Open* beschrieben, eine

.PRB-Datei ausgewählt werden, in der das markierte oder neu erstellte Makro gespeichert wird. Es erfolgt hierbei keine Warnung, wenn in der gewählten Datei ein Makro mit dem gleichen Namen überschrieben wird. Ein Makro, das in einer anderen .PRB-Datei gespeichert wurde, ist bis zum Schließen des Plotfensters vorhanden.

Durch Anklicken der Schaltfläche *Delete From* erscheint das Dialogfenster *Delete From File*, das dem Dialogfenster *Datei öffnen* entspricht. Es kann eine .PRB-Datei ausgewählt werden, aus der das markierte Makro gelöscht werden soll. Ist das gewählte Makro nicht in der .PRB-Datei enthalten, erscheint das Dialogfenster *Probe* mit einer Fehlermeldung. Das Dialogfenster wird durch Anklicken der Schaltfläche *OK* geschlossen. Das zu löschende Makro muß in der geladenen .PRB-Datei ebenfalls vorhanden sein und ist nach dem Entfernen aus einer anderen .PRB-Datei nicht mehr verfügbar; es wird jedoch nicht aus der geladenen .PRB-Datei gelöscht.

Durch Anklicken der Schaltfläche *Load* erscheint das Dialogfenster *Load File*, das ebenfalls dem Dialogfenster *Datei öffnen* entspricht. Die analog zu *Open* ausgewählte .PRB-Datei wird zu der bestehenden .PRB-Datei dazugeladen. Makros, Zielfunktionen und gespeicherte Displays der neuen .PRB-Datei sind zusätzlich zu den bereits geladenen verfügbar. Sind Namen von Makros, Zielfunktionen und gespeicherte Einstellungen in der bereits geladenen .PRB-Datei schon vorhanden, so erscheint das Dialogfenster *Probe* mit einer Warnung. Durch Anklicken der Schaltfläche *OK* werden die bereits geladenen gleichnamigen Makros, Zielfunktionen und Displays ersetzt.

Das Dialogfenster *Macros* wird durch Anklicken der Schaltfläche *Close* geschlossen.

Wurde ein Makro definiert, kann der Makroname bei *Trace Command* im Dialogfenster *Add Traces* wie ein Variablenname verwendet und auch in Formeln (arithmetische Ausdrücke) eingebunden werden.

Anmerkung: Makros werden durch Anklicken der Schaltfläche *Save* immer (unabhängig von der gerade geladenen Makrodatei) in der Datei <Schaltungsname>.PRB gespeichert. Diese Datei kann mit einem beliebigen Editor bearbeitet werden. Hierbei besteht die Möglichkeit, Kommentarzeilen einzufügen, die am Anfang der Zeile durch "*" gekennzeichnet werden müssen. Außerdem kann ein Kommentar durch ";" getrennt an eine Makrodefinition angehängt werden. Makrodefinitionen stehen im Bereich [MACROS] in der Datei <Schaltungsname>.PRB. Bei älteren Versionen (PSpice Design Center) wurden Makros in der Datei *PROBE.MAC* gespeichert.

Beispiel: e = 2.7183 ; Eulersche Zahl e

Eval Goal Function

Durch Anklicken des Menüpunktes *Eval Goal Function* im *Trace*-Menü wird das Dialogfenster *Add Traces* auf dem Bildschirm angezeigt. Die Option *Goal Functions* ist aktiviert, d.h. ein Kreuz befindet sich im Kästchen. Die in der Datei <Schaltungsname>.PRB im Bereich [GOAL FUNCTIONS] definierten Zielfunktionen sowie die Zielfunktionen der globalen .PRB-Datei (im Bereich [PROBE] der Datei MSIM_EV.INI im Windows-Verzeichnis bei *PRBFILE* = eingetragen) werden in der Liste des Dialogfensters angezeigt. Es werden außerdem noch Zielfunktionen angezeigt, die in .PRB-Dateien enthalten sind, die durch Anklicken der Schaltfläche *Load* im Dialogfenster *Macros* (Untermenüpunkt *Macro* im *Trace*-Menü) oder im Dialogfenster *Save/Restore Display* (Untermenüpunkt *Display Control* im *Tools*-Menü) hinzugeladen wurden. Sie können wie bei *Add* bereits beschrieben ausgewählt bzw. im Eingabefeld *Trace Command* eingegeben werden. Falls die Datei <Schaltungsname>.DAT aus mehreren Simulationsteilen besteht, so wird die Zielfunktion nur für den ersten Teil berechnet.

Beispiel: Wird beim Beispiel des Reihenschwingkreises aus Kapitel 5.3 "Maximum(I(Rm))" eingegeben, so wird nur die Zielfunktion "Maximum (I(Rm)@1)" berechnet.

Eine Ausgabe der Zielfunktion ist in dieser Form, d.h. durch Angabe des berechneten Wertes, nur möglich, wenn im Dialogfenster *Probe Options* des Untermenüpunktes *Options* im *Tools*-Menü *Display Evaluation* **nicht** aktiviert ist.

Ist die Option *Display Evaluation* aktiviert, befindet sich also ein Kreuz im Kästchen vor der Option, wird im ausgewählten Plot des aktiven Plotfensters folgendes dargestellt:

- Am oberen Rand des Plots wird der Wert für die berechnete Zielfunktion angezeigt.

- Alle Kurven, die für die Berechnung der Zielfunktion notwendig sind, werden dargestellt.

- Alle Punkte der dargestellten Simulationskurven, die für die Berechnung der Zielfunktion notwendig sind, werden im Plot markiert und mit einem Namen versehen.

- Enthält der Plot bereits Simulationskurven, so wird für die Darstellung der für die Berechnung der Zielfunktion benötigten Kurven ein neuer Plot erstellt.

Falls in der Datei <Schaltungsname>.DAT mehrere Simulationskurven enthalten und ausgewählt sind, werden bei aktiviertem *Display Evaluation* nur Kurven, Punkte und der Wert der Zielfunktion für den ersten Simulationsteil dargestellt und berechnet.

Die Zielfunktionen können in der Datei <Schaltungsname>.PRB im Bereich [GOAL FUNCTIONS] definiert werden. Diese Datei kann mit einem beliebigen Texteditor erstellt werden und die Definitionen mehrerer Zielfunktionen enthalten. Als Beispiele können hierzu die Datei MSIM.PRB und das Beispiel Reihenschwingkreis in Kapitel 5.3 betrachtet werden.

Anmerkung: Bei älteren Versionen (PSpice Design Center) muß vor Wahl des Untermenüpunktes *Eval Goal Function* im *Trace*-Menü die Datei *PROBE.GF.* in der Zielfunktionen definiert sind, erstellt werden.

Es können unterschiedliche Dateien *PROBE.GF* in verschiedenen Unterverzeichnissen angelegt werden. Geladen wird immer die Datei *PROBE.GF* aus dem Verzeichnis, aus dem nach dem Starten von Probe die erste Datei <Schaltungsname>.DAT mit Simulationsdaten ausgewählt wird. Existiert dort die Datei *PROBE.GF* nicht, so erscheint eine Fehlermeldung, die durch Anklicken der Schaltfläche *OK* geschlossen werden muß.

Definition der Zielfunktion

<Name_der_Zielfunktion>(1,2,...,n,subarg1,subarg2,...,subargm) =
<Formel_mit_markierten_Punkten>
  {
  1|<Suchbefehle_und_markierte_Punkte_für_Ausdruck_1>;
  2|<Suchbefehle_und_markierte_Punkte_für_Ausdruck_2>;

  .
  .
  .

.
.

n|<Suchbefehle_und_markierte_Punkte_für_Ausdruck_n>;
}

<Name der Zielfunktion> ist die alphanumerische Bezeichnung der Zielfunktion und darf das Zeichen "_" enthalten und maximal 50 Zeichen lang sein. Es wird nicht zwischen Groß- und Kleinbuchstaben unterschieden. Das erste Zeichen darf keine Zahl sein. Die Bezeichnung darf nicht durch Leerzeichen unterbrochen sein.

Argumente der Ausdrücke (1,2,...,n) müssen entsprechend der im weiteren Verlauf angegebenen Suchbefehle eingefügt werden. Wenn eine Zielfunktion im Dialogfenster *Add Traces* (Menüpunkte *Add* und *Eval Goal Function*) verwendet wird, müssen an diese Stellen die gebräuchlichen Probe-Ausdrücke wie beispielsweise V(4) oder LOG(V(4)) gesetzt werden.

Beispiel: SUMME(V(1),V(2))

1,2,...,n bezieht sich auf den jeweiligen Suchbefehl hinter 1|, 2|, ..., n|.

Ersetzende Argumente (subarg1,subarg2,...,subargm) sind optional und bestehen aus alphanumerischen Zeichen und "_". Sie dürfen nicht mit einer Zahl beginnen. Für sie werden im Dialogfenster *Add Traces* Zahlen eingegeben, die im Suchbefehl an den Positionen der Subarg-Texte eingesetzt werden.

<Formel_mit_markierten_Punkten> ergibt den y-Wert eines Punktes auf der Kurve einer Performance-Analyse (siehe hierzu auch *X Axis Settings* im *Plot*-Menü). Dieser arithmetische Ausdruck unterliegt denselben Vorschriften wie der Probe-Ausdruck bei der Eingabe im Dialogfenster *Add Traces*. Er kann die Operatoren "+", "-", "*", "/",

"(", ")" und die beim Menüpunkt *Add* beschriebenen Funktionen enthalten. Dabei bestehen folgende Unterschiede:

(1) Anstelle der Variablenbezeichnungen werden die markierten Punkte (x1, y1, x2, y2, ...) eingegeben.

(2) Es gibt zusätzlich die Funktion MPAVG(p1,p2[,fraction]) um den y-Durchschnittswert zwischen zwei Abszissenkoordinaten zu finden.

      p1,p1   ist der Bereich für die Durchschnittsbildung. Hier müssen die Abszissenwerte markierter Punkte eingegeben werden.
                Beispiel: x2,x5

      fraction erlaubt eine Ausdehnung oder Reduzierung des Bereiches um diesen Faktor, ausgehend von der Bereichsmitte. Voreinstellung ist 1.

(3) Funktionen, die mehrere Punkte zur Berechnung benötigen, sind nicht anwendbar. Dies sind d(x), s(x), AVG(x), RMS(x), MIN(x) und MAX(x).

(4) Komplexe Funktionen stehen ebenfalls nicht zur Verfügung. Dies sind M(x), P(x), R(x), IMG(x) und G(x).

<Suchbefehle_und_markierte_Punkte_für_Ausdruck_n> enthält einen oder mehrere markierte Punkte. Die Suchbefehle sind im *Tools*-Menü bei *Search Commands* des Untermenüpunktes *Cursor* beschrieben. Nach dem letzten Suchbefehl oder markierten Punkt muß ein Strichpunkt stehen.

Beispiel: search forward for maximum !1 search forward for peak !2;
         oder in abgekürzter Schreibweise sfma!1 sfpe!2;

Nach jedem kompletten Suchbefehl muß "!<Punkt-Nummer>" stehen, um einen Punkt zu markieren.

Beispiel: !2 steht für Punkt (x2,y2).

Die Eingaben können über mehrere Zeilen hinweg gehen, ohne daß dies speziell markiert werden muß. Kommentarzeilen beginnen mit einem "*", der an erster Stelle der Zeile stehen muß.

Ein konkretes Beispiel für Zielfunktionen wird in Kapitel 5.3 beim Beispiel Reihenschwingkreis dargestellt. Um Beispiele für den Gebrauch der Zielfunktionen zu erhalten, kann auch die Datei MSIM.PRB betrachtet werden.

5.2.2.4 Das *Plot*-Menü

Das *Plot*-Menü enthält Menüpunkte, mit denen die x- und y-Achsen-Einstellungen getroffen werden können. Des weiteren können hier Plots hinzugefügt und entfernt sowie die Analyseart ausgewählt werden.

X Axis Settings

Durch Anklicken des Untermenüpunktes *X Axis Settings* im *Plot*-Menü erscheint das gleichnamige Dialogfenster.

Bei *Data Range* stehen die Optionen *Auto Range* und *User Defined* zur Verfügung. Es kann nur eine Optionen durch Anklicken gewählt werden. Die aktive Option wird durch einen Punkt im Kreis markiert.

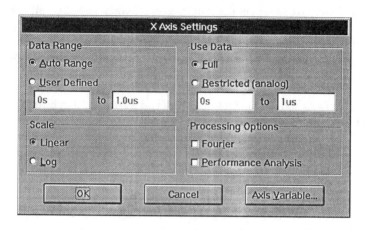

Abbildung 5.2.2.4-1: Dialogfenster *X Axis Settings*

Auto Range wählt den Bereich der x-Achse (Abszisse) so, daß der gesamte Bereich der Kurven angezeigt wird. Der Bereich wird automatisch angepaßt, falls sich die dargestellten Kurven ändern.

User Defined wählt den Bereich der x-Achse entsprechend den vorgegebenen Werten, die in den beiden Kästchen eingegeben werden. Bei der Eingabe wird im linken Kästchen der linke, d.h. untere Wert und im rechten Kästchen der rechte, d.h. obere Wert der x-Achse eingetragen (Beispiel: "8k" bis "40k"). Dabei ist zu beachten, daß "m" Milli und "M" Mega bedeutet. Durch Vertauschen der beiden Bereichs-Werte wird eine Invertierung der Kurve erreicht (Beispiel: "40k" bis "8k"). Der manuell vorgegebene Bereich wird nicht mehr automatisch angepaßt, wenn sich die dargestellten Kurven ändern!

Bei *Scale* kann durch Anklicken von *Linear* eine lineare, durch Anklicken von *Log* eine logarithmische Einteilung der x-Achse gewählt werden. Die aktive Option wird durch einen Punkt im Kreis angezeigt. *Linear* ist außer bei der Analyseart *AC* voreingestellt. Falls bei der linearen Skaleneinteilung Achsenwerte ≤ 0 auftreten, kann die logarithmische Einteilung nicht gewählt werden. Das *Probe*-Dialogfenster, das in diesem Fall erscheint, kann durch Anklicken der Schaltfläche *OK* geschlossen werden.

Bei *Use Data* können die Optionen *Full* und *Restricted* durch Anklicken ausgewählt werden. Die aktive Option wird durch einen Punkt im Kreis dargestellt. Bei *Restricted (analog)* wird der Bereich der x-Achse, der für bereichsorientierte Funktionen wie FFT (Fast Fourier Transformation), s(x), AVG(x), RMS(x), MIN(x) und MAX(x) verwendet wird, durch die Eingabe einer oberen und einer unteren Grenze beschränkt. Die Werte außerhalb des angegebenen Bereiches werden für die Berechnung nicht verwendet. Durch *Full* wird die Beschränkung des Wertebereiches der x-Achse aufgehoben. Der Wertebereich der x-Achse kann nur für analoge Simulationskurven gewählt werden.

Bei *Processing Options* können die Optionen *Fourier* und *Performance Analysis* durch Anklicken ausgewählt werden. Es kann nur eine der beiden Optionen ausgewählt werden, die aktive Option wird durch ein Kreuz im Kästchen davor gekennzeichnet. Bei *Fourier* wird eine schnelle Fouriertransformation (FFT) für alle Kurven durchgeführt bzw. wieder rückgängig gemacht. Die Abszissenvariable ändert sich dabei von *Time* nach *Frequency* bzw. umgekehrt. Die FFT kann nur für analoge Simulationskurven durchgeführt werden. Mit der Performance-Analyse ist es möglich, Kurven aus Punkten mehrerer PSpice-Durchläufe darzustellen, wie sie beispielsweise durch die Verwendung von Parametern (Analyseart *Parametric*), bei einer Temperatur- oder einer Monte Carlo-Analyse entstehen. Die verwendeten Werte werden dabei aus den Simulationskurven unter Zuhilfenahme von Suchbefehlen, markierten Punkten und berechneten Formeln aus den markierten Punkten entnommen. Um die Performance-Analyse einzusetzen, muß eine oder mehrere Zielfunktionen definiert sein. Die

Definition einer Zielfunktion ist in Kapitel 5.2.2.3 unter *Eval Goal Function* beschrieben. Das Ergebnis der Performance-Analyse ergibt eine Kurve, bei Daten aus einer Monte Carlo-Analyse ein Histogramm. Die Performance-Analyse kann nur für analoge Simulationskurven durchgeführt werden. Die Eingabe der Zielfunktion erfolgt dann durch Wahl des Untermenüpunktes *Add* im *Trace*-Menü.

Durch Anklicken der Schaltfläche *Axis Variable* erscheint das Dialogfenster *X Axis Variable*, in welchem die Variable der x-Achse geändert werden kann. Es können hier konstante Werte, Variablennamen etc. eingegeben werden. Die Variable der x-Achse kann nur für analoge Simulationskurven gewählt werden.

Interessant ist dieses Dialogfenster für die Wechselstrom-Kleinsignalanalyse. In der Eingabezeile *X Axis Variable* kann beispielsweise der Realteil VR(...) einer Spannung zur Darstellung der Ortskurve eingegeben werden (siehe hierzu das Beispiel Reihenschwingkreis in Kapitel 5.3). Die Eingabe bzw. die Auswahl von Variablennamen erfolgt wie bei *Add* in Kapitel 5.2.2.3 beschrieben. Durch Anklicken der Schaltfläche *OK* bzw. *Cancel* gelangt man ins Dialogfenster *X Axis*

X Axis Variable				
Time	V(VEE)	I(V3)	IB(Q4)	IB(Q2)
V(OUT2)	V(Q2:e)	I(V2)	IE(Q4)	IE(Q2)
V(Q3:c)	I(CLOAD)	I(V1)	IS(Q4)	IS(Q2)
V(VDD)	I(RBIAS)	IC(Q3)	IC(Q1)	V(RS2:2)
V(OUT1)	I(RC1)	IB(Q3)	IB(Q1)	
V(RS2:1)	I(RC2)	IE(Q3)	IE(Q1)	
V(V1:+)	I(RS2)	IS(Q3)	IS(Q1)	
V(RS1:2)	I(RS1)	IC(Q4)	IC(Q2)	

☒ Voltages   ☐ Alias Names
☒ Currents   ☐ Internal Subcircuit Nodes   [OK]   [Cancel]

X Axis Variable: `Time`

Abbildung 5.2.2.4-2: Dialogfenster *X Axis Variable*

188

Settings zurück. Wenn dort alle Einstellungen wie gewünscht vorgenommen wurden, werden diese durch Anklicken der Schaltfläche *OK* durchgeführt, das Dialogfenster wird geschlossen. *Cancel* führt zum Verlassen des Dialogfensters ohne Übernahme der Änderungen.

Y Axis Settings

Durch Anklicken des Untermenüpunktes *Y Axis Settings* im *Plot*-Menü erscheint das gleichnamige Dialogfenster.

Bei *Data Range* stehen die Optionen *Auto Range* und *User Defined* zur Verfügung. Es kann nur eine der beiden Optionen durch Anklicken gewählt werden. Die aktive Option wird durch einen Punkt im Kreis markiert.

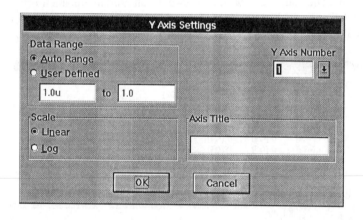

Abbildung 5.2.2.4-3: Dialogfenster *Y Axis Settings*

Auto Range wählt den Bereich der y-Achse so, daß der gesamte Bereich der Kurven angezeigt wird. Der Bereich wird automatisch angepaßt, falls sich die dargestellten Kurven ändern.

User Defined wählt den Bereich der y-Achse entsprechend den vorgegebenen Werten, die in den beiden Kästchen unter der Option eingegeben werden. Der manuell vorgegebene Bereich wird nicht mehr automatisch angepaßt, wenn sich die dargestellten Kurven ändern!

Bei *Scale* kann durch Anklicken von *Linear* eine lineare, durch Anklicken von *Log* eine logarithmische Einteilung der y-Achse gewählt werden. Die aktive Option wird durch einen Punkt im Kreis angezeigt. Falls bei der linearen Skaleneinteilung Achsenwerte ≤ 0 auftreten, kann die logarithmische Einteilung nicht gewählt werden.

Im Feld *Y Axis Number* steht die Nummer der y-Achse. Durch Anklicken des Pfeiles im Kästchen rechts neben dem Feld erscheint eine Liste mit den y-Achsen des aktiven Plots. Durch Anklicken kann die jeweilige Kurve ins Feld *Y Axis Number* übernommen werden.

Im Feld *Axis Title* kann ein Titel (beliebiger Text) für die y-Achse, die im Feld *Y Axis Number* angezeigt wird, eingegeben werden. Auf diese Weise können alle y-Achsen des Plots beschriftet werden. *Data Range* und *Scale* können ebenfalls für jede y-Achse getrennt angegeben werden.

Durch Anklicken von *OK* werden die Einstellungen und Eingaben ausgeführt, das Dialogfenster wird geschlossen. Durch Anklicken von *Cancel* wird das Dialogfenster ohne Änderungen verlassen.

Die Einstellungen, die im Dialogfenster *Y Axis Settings* durchgeführt werden, beziehen sich immer auf den aktiven, d.h. mit "SEL" markierten Plot.

Add Y Axis (Strg+Y)

Durch Anklicken des Untermenüpunktes *Add Y Axis* im *Plot*-Menü wird dem aktiven Plot eine y-Achse hinzugefügt. Es können maximal drei y-Achsen pro Plot dargestellt werden. Die y-Achse kann durch Anklicken der Umgebung der gewünschten y-Achse ausgewählt werden. Die ausgewählte, aktive y-Achse ist durch ">>" gekennzeichnet. Wenn neue Simulationskurven geladen werden, so werden diese zur aktiven y-Achse des aktiven Plots (mit SEL>> markiert) hinzugefügt. Die Gitterpunkte des Plots werden an die aktive y-Achse angepaßt. Eine neu hinzugefügte y-Achse wird automatisch zur aktiven Achse. *Add Y Axis* ist ausgeblendet, wenn der aktive Plot bereits drei y-Achsen enthält.

Delete Y Axis (Strg+Shift+Y)

Durch Anklicken des Untermenüpunktes *Delete Y Axis* im *Plot*-Menü wird die aktive (durch ">>" gekennzeichnete) y-Achse des aktiven Plots entfernt. Besitzt der aktive Plot nur eine y-Achse, so ist dieser Menüpunkt ausgeblendet und kann nicht gewählt werden.

Add Plot

Durch Anklicken des Untermenüpunktes *Add Plot* im *Plot*-Menü wird ein neuer Plot in das aktuelle Plotfenster oberhalb der bereits vorhandenen Plots mit der gleichen x-Achse eingefügt. Wurde beispielsweise der Menüpunkt *Unsync Plot* bei zwei vorhandenen Plots ausgeführt, so wird der neue Plot immer oberhalb des aktiven, d.h. mit "SEL>>" gekennzeichneten Plots eingefügt. Der neue Plot wird dann automatisch zum aktiven Plot. Um einen Plot auszuwählen und mit "SEL>>" zu kennzeichnen, muß er im Fenster, in dem die Darstellung der Simulationsergebnisse erfolgt, angeklickt werden. "SEL" wird dann an der ausgewählten, d.h, mit ">>" gekennzeichneten y-Achse angezeigt, wodurch sich "SEL>>" als Kennzeichnung für das aktuelle Plotfenster ergibt.

Delete Plot

Durch Anklicken des Untermenüpunktes *Delete Plot* im *Plot*-Menü wird der durch "SEL>>" gekennzeichnete Plot entfernt. Dieser Menüpunkt ist ausgeblendet, bis das Plotfenster mindestens zwei Plots enthält.

Unsync Plot

Durch Anklicken des Untermenüpunktes *Unsync Plot* im *Plot*-Menü erhält der durch "SEL>>" gekennzeichnete Plot eine eigene x-Achse. Dies ist nützlich, falls ein Plot mehrere y-Achsen, ein anderer Plot nur eine y-Achse besitzt. Beide Plots besitzen anfangs dieselbe x-Achse, was durch *Unsync Plot* geändert werden kann. *Unsync Plot* ist ausgeblendet, bis das Plotfenster mindestens zwei Plots enthält. Da es keinen Untermenüpunkt *Resync Plot* gibt, muß auf *Delete Plot* und *Add Plot* zurückgegriffen werden, um die Ausführung von *Unsync Plot* rückgängig zu machen.

Digital Size

Durch Anklicken des Untermenüpunktes *Digital Size* im *Plot*-Menü erscheint das Dialogfenster *Digital Plot Size*.

Im Feld *Percentage of Plot to be Digital* wird eingegeben, wieviel Prozent des Plots für digitale Kurven verwendet werden soll (Voreinstellung 33%). Der Plot wird bei Darstellung von digitalen und analogen Kurven in zwei Plots im hier angegebenen Verhältnis geteilt.

Im Feld *Length of Digital Trace Names* wird die Länge des Signalnamens für die digitalen Kurven eingegeben. Die Voreinstellung ist acht Buchstaben.

Anmerkung: Die Länge des Signalnamens und die prozentuale Aufteilung des Plots kann auch mit der Maus geändert werden. Hierzu den Mauszeiger auf die Umrandungslinien des digitalen Plots bewegen, bis ein horizontaler bzw. vertikaler Doppelpfeil angezeigt wird. Mit gedrückter linker Maustaste kann der Rahmen des digitalen Plots beliebig verschoben werden.

Digital Size ist ausgeblendet, wenn keine digitalen Simulationsergebnisse in der Datei <Schaltungsname>.DAT enthalten sind und solange das Plotfenster keine digitalen Kurven enthält.

AC

Durch Anklicken des Untermenüpunktes *AC* im *Plot*-Menü wird die Wechselstrom-Kleinsignalanalyse als neue Analyseart für das aktive Plotfenster gewählt.

DC

Durch Anklicken des Untermenüpunktes *DC* im *Plot*-Menü wird die Gleichstromanalyse als neue Analyseart für das aktive Plotfenster gewählt.

Transient

Durch Anklicken des Untermenüpunktes *Transient* im *Plot*-Menü wird die Zeitanalyse als neue Analyseart für das aktive Plotfenster gewählt.

Die aktuelle Analyseart im aktiven Plotfenster wird im *Plot*-Menü durch ein Häkchen vor der jeweiligen Bezeichnung gekennzeichnet. Analysearten, die in der Datei <Schaltungsname>.DAT, welche im aktiven Plotfenster geladen ist, nicht enthalten sind, werden im *Plot*-Menü ausgeblendet dargestellt und können nicht gewählt werden. Nach der Wahl einer neuen Analyseart erscheinen bei Bedarf die Dialogfenster *Available Sections* und *Inconsistent Sections*, die im Kapitel 5.2.1 beschrieben sind.

5.2.2.5 Das *View*-Menü

Mit Hilfe des *View*-Menüs können die im Plot dargestellten x- und y-Bereiche auf einfache Weise verändert und angepaßt werden. Die zugehörigen Bereichseinstellungen unter den Menüpunkten *X Axis Settings* und *Y Axis Settings* des *Plot*-Menüs werden dabei automatisch vorgenommen. Werden gleichzeitig digitale und analoge Kurven dargestellt, so haben die *View*-Menüpunkte Auswirkungen auf beide Kurvenarten. Beim digitalen Plot wird jedoch nur die x-Achse geändert.

Fit (Strg+N)

Durch Anklicken des Untermenüpunktes *Fit* im *View*-Menü werden die Bereichseinstellungen so gewählt, daß alle Kurven und Labels (Text, Linien usw.) im Plot dargestellt werden.

In (Strg+I)

Durch Anklicken des Untermenüpunktes *In* im *View*-Menü erfolgt eine Vergrößerung um den Faktor zwei in bezug auf den Punkt, der durch Anklicken mit der Maus gewählt wird. Dadurch wird ein kleinerer Bereich dargestellt. Hierzu ist das Kreuz, das nach Anklicken des Menüpunktes erscheint, auf den für die Vergrößerung gewünschten Mittelpunkt zu bewegen und anschließend die linke Maustaste zu drücken.

Out (Strg+O)

Durch Anklicken des Untermenüpunktes *Out* im *View*-Menü erfolgt eine Verkleinerung um den Faktor zwei in bezug auf den Punkt, der durch Anklicken mit der Maus gewählt wird. Auf diese Weise wird ein größerer Bereich dargestellt. Hierzu ist das Kreuz, das nach Anklicken des Menüpunktes erscheint, auf den für die Verkleinerung gewünschten Mittelpunkt zu bewegen und anschließend die linke Maustaste zu drücken. Es kann maximal der Bereich dargestellt werden, der auch durch Anklicken des Menüpunktes *Fit* dargestellt wird. Ist dieser Bereich beispielsweise in y-Richtung bereits erreicht, so wird nur noch der Bereich in x-Richtung ausgedehnt.

Area (Strg+A)

Durch Anklicken des Untermenüpunktes *Area* im *View*-Menü kann ein vergrößerter Ausschnitt dargestellt werden. Als Mauszeiger erscheint zunächst ein Kreuz anstelle des gewohnten Pfeiles. Dieses Kreuz ist an die erste Ecke des gewünschten Ausschnitts zu bewegen und die linke Maustaste zu drücken. Mit gedrückter Maustaste wird nun ein Rahmen um den Bereich gezogen, der vergrößert werden soll. Läßt man die Maustaste los, so erfolgt die Vergrößerung des gewählten Bereiches. Der zu vergrößernde Bereich kann auch vor dem Anklicken des Untermenüpunktes *Area* auf die gerade beschriebene Weise mit einem Rahmen festgelegt werden. Nach Anklicken von *Area* erfolgt dann die Vergrößerung sofort.

Previous (Strg+P)

Durch Anklicken des Untermenüpunktes *Previous* im *View*-Menü wird die vorangegangene Bereichseinstellung des Plots wieder hergestellt. MicroSim PSpice legt eine programminterne Liste (den sog. View Stack) an, in der alle Änderungen, einschließlich der mit *X Axis Settings* und *Y Axis Settings* vorgenommenen, gespeichert werden. Durch jedes Anklicken von *Previous* wird die jeweils vorherige Einstellung vom View Stack geladen.

Redraw (Strg+L)

Durch Anklicken des Untermenüpunktes *Redraw* im *View*-Menü wird das aktive Plotfenster mit allen darin enthaltenen Plots neu gezeichnet.

Pan - New Center

Durch Anklicken des Untermenüpunktes *Pan - New Center* im *View*-Menü wird der Mittelpunkt des Plots geändert, ohne dabei die Skalierung der Achsen zu ändern. Hierzu ist das Kreuz, das nach Anklikken des Menüpunktes erscheint, auf die gewünschte Stelle im Plot zu bewegen und anschließend die linke Maustaste zu drücken. Der so ausgewählte Punkt wird der neue Mittelpunkt des Plots. Die Skalierungen der x- und y-Achse werden hierbei nicht verändert, es werden nur die dargestellten Bereiche verschoben.

5.2.2.6 Das *Tools*-Menü

Das *Tools*-Menü enthält Menüpunkte, mit denen zusätzliche Informationen, wie Text, Linien und Cursorangaben in den Plot eingefügt werden können. Außerdem enthält es Menüpunkte zum Speichern und Laden von Plots und zum Ändern der Probe-Einstellungen.

Label

Im Untermenüpunkt *Label* sind Menüpunkte enthalten, mit denen Text und grafische Objekte in den Plot eingefügt werden können. Diese Objekte werden Teil des Plots und werden beim Erstellen eines Ausdrucks bzw. eines Plots mit ausgegeben und im Menüpunkt *Display Control* mit abgespeichert. Die Menüpunkte sind ausgeblendet, wenn der aktive Plot keine Kurve enthält.

Durch Anklicken von *Text* erscheint das Dialogfenster *Text Label*. In das Eingabefeld (*Enter Text Label*) kann ein beliebiger Text eingegeben werden. Durch Anklicken der Schaltfläche *Cancel* kann die Eingabe abgebrochen werden. Klickt man die Schaltfläche *OK* an, so erscheint der Text im aktiven Plot und kann mit der Maus an die gewünschte Stelle bewegt werden. Durch Drücken der linken Maustaste wird der Text an dieser Stelle plaziert.

Mit *Line* kann eine Linie im aktiven Plot gezeichnet werden. Anstelle des Mauspfeiles erscheint ein Stift. Die Stiftspitze an den Anfangspunkt der Linie bewegen und die linke Maustaste drücken. Dann wird die Linie mit der Maus gezogen und der Endpunkt durch erneutes Anklicken festgelegt.

Mit *Poly-line* kann ein Polygonzug im aktiven Plot gezeichnet werden. Die einzelnen Teilstücke des Polygonzuges werden wie bereits bei *Line* beschrieben, gezeichnet. Der Endpunkt des gerade gezeichneten Linienstückes des Polygonzuges ist dabei der Anfangspunkt des nächsten Linienstückes. Das Zeichnen des Polygonzuges wird durch Drücken der rechten Maustaste oder der ESC-Taste beendet. Alle Linienstücke des Polygonzuges gelten hierbei als ein Element, wenn sie gelöscht oder bewegt werden sollen.

Mit *Arrow* kann ein Pfeil im aktiven Plot gezeichnet werden. Der Pfeil wird wie eine Linie (siehe Befehl *Line*) gezeichnet, mit dem Unterschied, daß am Endpunkt automatisch eine Pfeilspitze gezeichnet wird.

Mit *Box* kann ein Rechteck im aktiven Plotfenster gezeichnet werden. Es erscheint ein Stift anstelle des Mauspfeils. Die Stiftspitze an die Stelle bewegen, an der sich eine Ecke des Rechteckes befinden soll und die linke Maustaste drücken. Das Rechteck wird gezeichnet, indem man die Maus zur diagonal gegenüberliegenden Ecke des Rechteckes bewegt, so daß das gewünschte Rechteck entsteht. Dort muß dann nochmals die linke Maustaste gedrückt werden.

Mit *Circle* kann ein Kreis im aktiven Plot gezeichnet werden. Es erscheint ein Stift anstelle des Mauspfeils. Die Stiftspitze an die Stelle bringen, die der Kreismittelpunkt sein soll und die linke Maustaste drücken. Danach einen Punkt des Kreisrandes wählen und dort nochmals die linke Maustaste drücken. Der Kreis bleibt rund, auch wenn sich die Skalierung der x- und y-Achse nicht in gleichem Maße ändert.

Mit *Ellipse* kann eine Ellipse im aktiven Plot gezeichnet werden. Im Dialogfenster *Ellipse Label* wird zunächst im Eingabefeld der Inklinations-Winkel (Neigungswinkel) eingegeben. Voreinstellung ist "0". Es können sowohl positive als auch negative Winkel eingegeben werden. Das Zeichnen der Ellipse kann durch Anklicken der Schaltfläche *Cancel* abgebrochen werden. Wird die Schaltfläche *OK* angeklickt, so wird das Dialogfenster geschlossen und es erscheint ein Stift anstelle des Mauszeigers im aktiven Plot. Durch Drücken der linken Maustaste wird der Mittelpunkt der Ellipse festgelegt. Beim Dehnen der Ellipse bildet der Mittelpunkt und der Cursorpunkt einen unsichtbaren rechten Winkel. Hiermit werden die Längen der Haupt- und Nebenhalbachse festgelegt. Hat die Ellipse die gewünschte Form, d.h. der Cursor wurde an die gewünschte Stelle bewegt, so wird das Zeichnen der Ellipse durch Drücken der linken Maustaste beendet.

Mit *Mark* wird die aktuelle Position des aktiven Cursors markiert. Die Werte des Punktes werden in der Form (x,y) mit einer Linie zur aktuellen Cursorposition in den Plot eingefügt. *Mark* ist nur verfügbar, wenn die Cursor im Untermenü *Cursor* eingeschaltet sind. Die zu markierende Position muß vor Verwendung des Menüpunktes *Mark* mit dem Cursor angefahren werden.

Alle Elemente, die mit den Befehlen des Untermenüpunktes *Label* im Plot eingefügt wurden, können bearbeitet werden. Dazu sind die Objekte zu markieren. Dies kann auf verschiedene Weise erfolgen:

(1) Anklicken eines Punktes des Objektes. Mehrere Objekte können
hintereinander mit gedrückt gehaltener Shift-Taste angeklickt und
so markiert werden. Die markierten Objekte nehmen die Farbe
rot an.

(2) Mehrere Elemente können auch gleichzeitig durch eine Box markiert werden. Hierzu wird um die Objekte ein Rechteck gezogen,
wobei die linke Maustaste gedrückt gehalten wird. Die vom
Rechteck umschlossenen Objekte werden beim Loslassen der linken Maustaste markiert und rot dargestellt.

Die markierten Objekte können mit den Menüpunkten des *Edit*-
Menüs bearbeitet oder mit gedrückter linker Maustaste an eine andere
Stelle im Plot bewegt werden.

Cursor

Der Untermenüpunkt *Cursor* enthält Menüpunkte zum Ein- und Ausschalten der Cursor-Darstellung und Befehle zum Positionieren des
Cursors auf bestimmten Punkten der Simulationskurven.

Mit *Display* (Strg+Shift+C) werden die Cursor im aktuellen Plotfen-
ster ein- bzw. abgeschaltet. Bei eingeschaltetem Cursor erscheint vor
dem Menüpunkt *Display* ein Häkchen, ebenso wird rechts unten das
Fenster *Probe Cursor*, das die x- und y-Achsen-Werte anzeigt, im
Plotfenster dargestellt. Dieses Fenster kann mit gedrückter linker
Maustaste beliebig auf dem Bildschirm verschoben werden.

Pro Plotfenster werden zwei Cursor eingeblendet. Wenn die Cursor
in mehreren Plotfenstern eingeschaltet sind, wird das Fenster *Probe
Cursor* mit den x- und y-Achsen-Werten erweitert, die Cursor werden
automatisch in Bezug auf ihr jeweiliges Plotfenster bezeichnet. Im

folgenden wird daher allgemein nur noch von Cursor1 und Cursor2 gesprochen.

Die beiden Cursor werden beim Anklicken des Menüpunktes *Display* im ausgewählten, d.h. mit "SEL>>" markierten Plot, des aktiven Plotfensters automatisch auf die erste Kurve, die unterhalb des Plots angegeben ist, gesetzt. Die y-Linie des Cursors ist dabei in allen Plots zu sehen. Bei digitaler Darstellung erfolgt dies entsprechend auf die oberste digitale Kurve. Die gewählten Kurven werden dabei durch ein Rechteck markiert. Bei den analogen Kurven ist dieses Rechteck um das farbige Kurvensymbol unterhalb des Plot gezeichnet, bei digitalen Kurven um die Kurvenbezeichnung rechts neben dem Plot. Das Rechteck für Cursor1 ist dabei fein gepunktet, für Cursor2 dagegen grob.

Wenn der Plot digitale Kurven enhält, befindet sich im Fenster hinter dem y-Wert ein digitaler y-Wert für die gewählten digitalen Kurven. Es können gleichzeitig, zusätzlich zu den analog gewählten Kurven, zwei digitale Kurven aktiviert werden. Der Cursor wird dabei gleichzeitig für die gewählte analoge und digitale Kurve bewegt. Wird also der analoge Cursor von einem Wert x1 zu einem Wert x2 bewegt, so bewegt sich der digitale Cursor mit ihm.

Beispiel für den Inhalt des Fensters *Probe Cursor*:

```
A1  =  x1-Wert(A)     y1-Wert(A)     Zustandswert(A)
A2  =  x2-Wert(A)     y2-Wert(A)     Zustandswert(A)
dif =  x2-x1(A)       y2-y1(A)


C1  =  x1-Wert(C)     y1-Wert(C)
C2  =  x2-Wert(C)     y2-Wert(C)
dif =  x2-x1(C)       y2-y1(C)
```

Für alle im Plot dargestellten digitalen Kurven werden zusätzlich bei aktiviertem Cursor rechts neben dem Plot hinter der Kurvenbezeichnung die y-Zustandswerte in Abhängigkeit von Cursor1 angezeigt.

Die Bedienung der Cursor mit der Tastatur ist nicht so umfangreich wie die Bedienung mit der Maus, soll hier aber trotzdem kurz beschrieben werden:

Die Cursor werden dabei beide mit den Tasten ← und → des Cursorblocks bewegt. Beim Cursor2 muß dabei zusätzlich die Shift-Taste gedrückt gehalten werden (Shift+← und Shift+→). Das Wechseln von einer Kurve zur anderen erfolgt innerhalb eines Plots bei Cursor1 mit Strg+← und Strg+→ und bei Cursor2 mit Strg+Shift+← und Strg+Shift+→. Enthält der Plot digitale Kurven, so kann zwischen diesen der Cursor1 mit Strg+↓ und Strg+↑ und der Cursor2 mit Strg+Shift+↑ und Strg+Shift+↓ gewechselt werden.

Mit den Tasten POS1 und Ende für Cursor1 und Shift+POS1 und Shift+Ende für Cursor2 kann der entsprechende Cursor an den Anfang und das Ende der markierten Kurve gesetzt werden.

Bedienung der Cursor mit der Maus: Cursor1 kann zum einen mit gedrückter linker Maustaste über die ganze Kurve bewegt werden, zum anderen kann man den Mauspfeil an einen beliebigen Punkt im Plot bringen und die linke Maustaste anklicken. Cursor1 wird dann auf der markierten Kurve mit dem durch den Mauspfeil gewählten x-Wert positioniert.

Für Cursor2 gilt sinngemäß das gleiche, es muß jedoch die rechte Maustaste gedrückt gehalten bzw. geklickt werden.

Zum Wechseln der Kurven, auch zwischen den verschiedenen Plots, muß bei analogen Kurven das farbige Kurvensymbol unterhalb des Plots und bei digitalen Kurven die Kurvenbezeichnung rechts neben dem Plot angeklickt werden. Für Cursor1 muß das Anklicken mit der linken, für Cursor2 mit der rechten Maustaste erfolgen.

Die übrigen Menüpunkte des Untermenüpunktes *Cursor* sind nur aktiv, d.h. nicht ausgeblendet, wenn die Cursorfunktion eingeschaltet ist. Sie dienen dazu, den Cursor auf bestimmten Stellen der Kurve zu positionieren und beziehen sich immer auf den zuletzt bewegten Cursor. Wenn die Cursor gerade eingeschaltet wurden, ist dies Cursor1. Der Cursor wird bei Verwendung dieser Menüpunkte nur in die Richtung bewegt, in die der Cursor vor Aufruf des Menüpunktes bewegt wurde. Wurde der Cursor seit dem Einschalten noch nicht bewegt, so ist die Vorwärtsrichtung eingestellt. Mit *Search Commands* kann die Bewegungsrichtung und der zu bewegende Cursor gewählt werden. Die Menüpunkte *Min* und *Max* sind von der Bewegungsrichtung des Cursors unabhängig.

Mit *Peak* (Strg+Shift+P) wird der Cursor auf den nächsten Spitzenwert (lokales Maximum) positioniert.

Mit *Trough* (Strg+Shift+T) wird der Cursor auf dem nächsten Tiefstwert (lokales Minimum) positioniert.

Mit *Slope* (Strg+Shift+L) wird der Cursor auf dem nächsten Steigungsmaximum positioniert. Hierbei kann es sich um eine positive oder negative Steigung handeln. Die Stelle, auf die der Cursor gesetzt wird, kann zwischen zwei Berechnungspunkten liegen.

Mit *Min* (Strg+Shift+M) wird der Cursor auf dem kleinsten y-Wert der Kurve (dem absoluten Minimum) positioniert.

Mit *Max* (Strg+Shift+X) wird der Cursor auf dem größten y-Wert der Kurve (dem absoluten Maximum) positioniert.

Mit *Point* (Strg+Shift+I) wird der Cursor auf den nächsten Datenpunkt der Simulation positioniert.

Durch Anklicken des Menüpunktes *Search Commands* (Strg+Shift+S) erscheint das Dialogfenster *Search Command*.

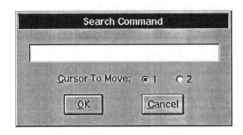

Abbildung 5.2.2.6-1: Dialogfenster *Search Command*

Im Eingabefeld können ein oder mehrere Suchbefehle eingegeben werden, um einen bestimmten Kurvenpunkt zu finden und den Cursor dort zu positionieren. Der Suchbefehl hat die allgemeine Form:

Search [<Richtung>] [/<Startpunkt>/] [#<Punkte>#] [(<Bereich_x>
        [,<Bereich_y>])][for][<Wiederholungen>:]<Suchbedingung>

<Richtung> ist die Suchrichtung, entweder vorwärts (*Forward*) oder rückwärts (*Backward*). *Forward* bedeutet dabei wachsende x-Werte. Wird nichts angegeben, so wird automatisch als Suchrichtung *Forward* gewählt.

<Startpunkt> gibt den Startpunkt der Suche an. Es gibt folgende Möglichkeiten:

^ oder *Begin*   Startpunkt ist der erste Punkt innerhalb des Such-
                    bereichs

$ oder *End*   Startpunkt ist der letzte Punkt innerhalb des Such-
                    bereichs

xn   kann in einer Zielfunktion bei der Performance-
                    Analyse benutzt werden. Startpunkt ist der n-te
                    markierte Punkt xn. Es kann auch eine Formel mit
                    markierten Punkten eingegeben werden (siehe Ziel-
                    funktion).

Wird nichts angegeben, so wird als Startpunkt der momentane Stand-
punkt des Cursors verwendet.

<Punkte> legt die Anzahl der Punkte fest, die für die Suchbedingung
verwendet werden, beispielsweise bei Peak, wieviele Punkte links
und rechts kleiner sein müssen als der Spitzenwert. Wird hier nichts
angegeben, so wird der Wert "1" verwendet.

<Bereich_x, Bereich_y> legt die Bereiche der x- bzw. y-Achse fest,
in denen gesucht werden soll.

Beispiele:

    (,,0,10)   begrenzt nur den y-Bereich
    (-5,5)   begrenzt nur den x-Bereich
    (0%,90%,-1m,10m)   begrenzt x- und y-Bereich

Die Bereichsbegrenzungen können sowohl in Fließkomma-Werten als
auch in Prozentangaben erfolgen. Bei Verwendung in einer Zielfunktion kann der Bereich zusätzlich durch markierte Punkte begrenzt
werden. Erfolgt hier keine Angabe, so wird der im Plot dargestellte
x- bzw. y-Bereich verwendet.

<Wiederholungen>: legt fest, wie oft die Suchbedingung auftreten soll, bevor der Cursor positioniert wird. Ist die vorgegebene Anzahl der Suchbedingungen größer als die in der Kurve gefundenen, so wird die letzte verwendet.

Beispiel:

3: Peak   der Cursor wird auf dem 3. Spitzenwert positioniert.

<Suchbedingung> muß mindestens eine der folgenden Suchbedingungen enthalten. Für die Suchbedingung müssen mindestens zwei Buchstaben eingegeben werden. Die einzugebenden Buchstaben sind in der nachfolgenden Liste als Großbuchstaben dargestellt. *Level* kann beispielsweise mit *LE* abgekürzt werden.

- LEvel(<Wert>[,<posneg>]) positioniert den Cursor auf dem angegebenen Wert. Bei <Wert> kann es sich um einen Fließkommawert (z.B. 10n), eine Prozentangabe (z.B. 90%), einen markierten Punkt (z.B. x2), eine Formel mit markierten Punkten, einen dB-Wert relativ zu *Min* oder *Max* (z.B. min+5dB, d.h. 5dB über den Minimum), einen Wert relativ zu *Min* oder *Max* (z.B. min+5, d.h. Minimum +5), einen relativen dB-Wert (z.B. +5dB, d.h. 5dB über den letzten Cursorwert) oder einen relativen Wert (z.B. +5, d.h. der letzte Cursorwert +5) handeln. Bei <Wert> muß eine Eingabe erfolgen.

<posneg> kann folgende Werte annehmen:

"Positive" oder "p"   Der folgende Punkt muß ebenfalls über dem vorgegebenen Wert liegen.

"Negative" oder "n"   Der folgende Punkt muß ebenfalls unter dem vorgegebenen Wert liegen.

"Both"	wird verwendet, wenn bei *posneg* keine Angabe erfolgt. Der folgende Punkt spielt hierbei keine Rolle.

Der gefundene Punkt kann bei der Suchbedingung *LEvel* zwischen zwei Berechnungspunkten liegen und interpoliert sein.

- SLope [<posneg>] positioniert den Cursor auf dem nächsten Maximum der Steigung (Wendepunkt). <posneg> kann hierbei folgende Werte annehmen:

"Positive" oder "p"	Der Wendepunkt muß eine positive Steigung besitzen.
"Negative" oder "n"	Der Wendepunkt muß eine negative Steigung besitzen.
"Both"	Die Steigung des Wendepunktes spielt keine Rolle.

Wird bei <posneg> keine Festlegung getroffen, so wird automatisch nach einem Wendepunkt mit positiver Steigung gesucht.

- PEak positioniert den Cursor auf dem nächsten Spitzenwert.

- TRough positioniert den Cursor auf dem nächsten Tiefstwert.

- MAx positioniert den Cursor auf dem absoluten Maximum der Kurve. Falls mehrere Maxima mit demselben y-Wert in der Kurve enthalten sind, wird das nächstliegendste Maximum verwendet.

- MIn positioniert den Cursor auf dem absoluten Minimum der Kurve. Falls mehrere Minima mit demselben y-Wert in der Kurve enthalten sind, wird das nächstliegendste Minimum verwendet.

- POint positioniert den Cursor auf den nächsten Datenpunkt der Simulationskurve in Suchrichtung

- XValue(<Wert>) positioniert den Cursor auf einem vorgegebenen x-Wert. <Wert> kann hierbei ein Fließkomma-Wert, eine Potenzangabe, ein markierter Punkt, eine Formel mit markierten Punkten, ein dB-Wert relativ zu *Max* oder *Min*, ein Wert relativ zu *Max* oder *Min*, ein relativer dB-Wert oder ein relativer Wert sein. Beispiele hierzu entsprechen denen bei *LEvel*.

Bei *Cursor To Move* kann gewählt werden, für welchen Cursor der Suchbefehl durchgeführt werden soll. Durch Anklicken von 1 oder 2 kann der Cursor ausgewählt werden. Der ausgewählte Cursor wird dann vor der Cursornummer durch einen Punkt im Kreis markiert.

Durch Anklicken der Schaltfläche *OK* wird der Suchbefehl ausgeführt, durch Anklicken von *Cancel* wird das Dialogfenster geschlossen, ohne eine Suche durchzuführen.

Mit *Next Transition* (Strg+Shift+N) wird der Cursor der aktuellen digitalen Kurve auf dem nächsten Zustands-Übergang positioniert. Dieser Befehl ist nur verfügbar, wenn der Plot digitale Kurven enthält.

Mit *Previous Transition* (Strg+Shift+R) wird der Cursor der aktuellen digitalen Kurve auf dem vorhergehenden Zustands-Übergang positioniert. Dieser Befehl ist nur verfügbar, wenn der Plot digitale Kurven enthält.

Simulation Messages

Durch Anklicken des Untermenüpunktes *Simulation Messages* im *Tools*-Menü erscheint das Dialogfenster *Simulation Message Summary*. In diesem Dialogfenster kann ein neues Plotfenster, das einen Plot mit fehlerhaften Daten enthält, geöffnet werden. Der Menüpunkt kann nur gewählt werden, wenn Fehler bei der Simulation der im aktiven Plotfenster geladenen Schaltung aufgetreten sind (siehe hierzu auch *Open* im *File*-Menü).

Display Control

Durch Anklicken des Untermenüpunktes *Display Control* im *Tools*-Menü erscheint das Dialogfenster *Save/Restore Display*, in welchem die Konfiguration des aktiven Probefensters gespeichert und zu einem späteren Zeitpunkt wieder geladen werden kann. Im Eingabefeld *New Name* wird die Bezeichnung eingegeben, unter der die aktuelle Konfiguration des Plotfensters gespeichert werden soll. Zum Speichern ist die Schaltfläche *Save* anzuklicken, worauf die neue Bezeichnung im Listenfeld darunter angezeigt und in der Datei <Schaltungsname> .PRB im Bereich [DISPLAYS] gespeichert wird. Hier werden nur Konfigurationen der Analyseart, die geladen wurde, angezeigt. Hinter der Bezeichnung steht die entsprechende Angabe *AC*, *DC* oder *TRAN*. Waren beim Beenden von Probe oder beim Schließen des Plotfensters noch Kurven im Plotfenster enthalten, so wird dieses unter *LAST SESSION* automatisch gespeichert und erscheint im Listenfeld. Wird nach dem Wiederherstellen einer Konfiguration das Plotfenster geschlossen oder Probe beendet, so wird die Konfiguration vor dem Wiederherstellen unter *LAST DISPLAY* gespeichert und ebenfalls im Listenfeld angezeigt. Sind mehr Konfigurationen von Probefenstern gespeichert als im Listenfeld angezeigt werden können, so erscheint eine Bildlaufleiste. Durch Doppelklicken auf die gespeicherte Konfiguration wird das Dialogfenster geschlossen und die

Konfiguration wieder hergestellt. Wird der Name dagegen nur einmal angeklickt, so wird dieser invers dargestellt. Mit *Restore* kann die gewählte Konfiguration geladen, mit *Delete* gelöscht werden. Nach Anklicken der Schaltflächen *Save* und *Delete* wird das Dialogfenster nicht geschlossen, dazu muß die Schaltfläche *Close* angeklickt werden. Mit *Restore* dagegen wird das Dialogfenster *Save/Restore Display* geschlossen und die gewählte Konfiguration wiederhergestellt. Die Konfigurationen werden in der Datei <Schaltungsname> .PRB im Bereich [DISPLAYS] gespeichert und können mit einem beliebigen Editor betrachtet werden.

Im Dialogfenster *Save/Restore Display* besteht außerdem die Möglichkeit, Konfigurationen (Displays) in anderen .PRB-Dateien zu speichern, zu kopieren und zu löschen. Durch Anklicken der Schaltfläche *Save To* erscheint das Dialogfenster *Save To File*, das dem Dialogfenster *Datei öffnen* entspricht. Hier kann, wie bei *Open* beschrieben, eine .PRB-Datei ausgewählt werden, in der die Konfiguration gespeichert wird. Ist in der gewählten Datei bereits ein Display mit gleichem Namen vorhanden, wird dieses ohne Warnung überschrieben. Eine Einstellung, die in einer anderen .PRB-Datei gespeichert wurde, ist bis zum Schließen des Plotfensters vorhanden und kann auch aufgerufen werden. Durch Anklicken der Schaltfläche *Copy To* kann eine markierte Konfiguration (invers dargestellt) in eine andere .PRB-Datei kopiert werden. Im Dialogfenster *Copy To File* wird, wie bei *Open* beschrieben, eine .PRB-Datei ausgewählt, in die das Display kopiert werden soll.

Durch Anklicken der Schaltfläche *Delete From* erscheint das Dialogfenster *Delete From File*, das dem Dialogfenster *Datei öffnen* entspricht. Es kann eine .PRB-Datei ausgewählt werden, aus der die markierte Konfiguration gelöscht werden soll. Ist das zu löschende Display nicht in der .PRB-Datei enthalten, erscheint das Dialogfenster *Probe* mit einer Fehlermeldung. Das Dialogfenster wird durch Anklicken der Schaltfläche *OK* geschlossen. Die zu löschende Konfiguration muß in der geladenen .PRB-Datei ebenfalls vorhanden sein und ist nach dem Entfernen aus einer anderen .PRB-Datei nicht mehr verfügbar, jedoch nicht aus der geladenen .PRB-Datei gelöscht.

Durch Anklicken der Schaltfläche *Load* erscheint das Dialogfenster *Load File*, das ebenfalls dem Dialogfenster *Datei öffnen* entspricht. Die analog zu *Open* ausgewählte .PRB-Datei wird zu der bestehenden dazugeladen. Die Makros, Zielfunktionen und gespeicherten Displays der neuen .PRB-Datei sind zusätzlich zu den bereits geladenen verfügbar. Sind Namen von Makros, Zielfunktionen und gespeicherte Einstellungen in der bereits geladenen .PRB-Datei schon vorhanden, so erscheint das Dialogfenster *Probe* mit einer Warnung. Durch Anklicken der Schaltfläche *OK* werden die bereits geladenen gleichnamigen Makros, Zielfunktionen und Displays ersetzt.

Für .PRB-Dateien gilt allgemein: Im Bereich [MACROS] sind Makros, im Bereich [GOAL FUNCTIONS] Zielfunktionen und im Bereich [DISPLAYS] Konfigurationen gespeichert.

Anmerkung: Bei älteren Versionen (PSpice Design Center) werden die Konfigurationen in der Datei PROBE.DSP gespeichert. Die Datei PROBE.DSP muß sich in dem Verzeichnis befinden, aus dem die erste Datei <Schaltungsname>.DAT geladen wird. In diesem Verzeichnis werden auch alle aktuellen Probe-Konfigurationen gespeichert. Es kann daher in verschiedenen Verzeichnissen unterschiedliche Dateien *PROBE.DSP* geben. Frühere Konfigurationen sind unter Umständen nicht wiederherstellbar, wenn die Datei *PROBE.DSP*, die die gewünschte Konfiguration enthält, nicht in dem Verzeichnis steht, aus dem die erste Datei <Schaltungsname>.DAT geladen wurde.

Copy to Clipboard

Durch Anklicken des Untermenüpunktes *Copy to Clipboard* im *Tools*-Menü wird der komplette Inhalt des aktiven Plotfensters in die Windows-Zwischenablage kopiert. Statuszeile, Titelleiste von Plotfenster und *Probe*-Fenster, Symbolleiste sowie die Menüleiste von Probe werden dabei nicht kopiert. Das Bild wird in der Zwischenablage im vordefinierten Windows-Datenformat CF_BITMAP gespeichert.

Options

Durch Anklicken des Untermenüpunktes *Options* im *Tools*-Menü erscheint das Dialogfenster *Probe Options*. In diesem Dialogfenster können einige Optionen für Probe festlegt werden (s. Abb. 5.2.2.6-2).

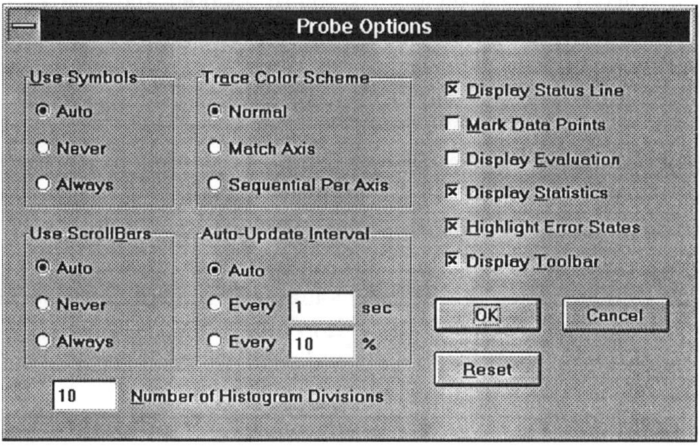

Abbildung 5.2.2.6-2: Dialogfenster *Probe Options*

Bei *Use Symbols* stehen drei Optionen zur Verfügung, von denen immer nur eine durch Anklicken aktiviert werden kann. Die aktive Option ist durch einen Punkt im Kreis gekennzeichnet. Die Option *Auto* erlaubt es, daß Probe nur dann Symbole verwendet, wenn es für die Unterscheidung der Kurven hilfreich ist, d.h. wenn mehr Kurven als Farben vorhanden sind und weniger als elf Kurven in einem Plot dargestellt werden. *Auto* ist voreingestellt. Die Option *Never* verhindert, daß Kurven mit Symbolen gekennzeichnet werden. Die Option *Always* erlaubt es, Kurven mit Symbolen zu kennzeichnen, sobald der Plot mindestens eine Kurve enthält. Die Symbole entsprechen dabei denen der zugehörigen Variablen am unteren Rand des Plots.

Bei *Trace Color Scheme* stehen drei Optionen zur Verfügung, von denen immer nur eine durch Anklicken aktiviert werden kann. Die aktive Option ist durch einen Punkt im Kreis gekennzeichnet. Bei der Option *Normal* werden so viele verschiedene Farben wie möglich verwendet. *Normal* ist voreingestellt. Die Option *Match Axis* benutzt für alle Kurven, die zur gleichen y-Achse gehören, dieselbe Farbe. Die Option *Sequential Per Axis* benutzt die verfügbaren Farben der Reihenfolge nach für jede y-Achse neu. *Trace Color Scheme* bezieht sich nur auf die y-Achse und nicht auf die verschiedenen Plots!

Bei *Use ScrollBars* stehen drei Optionen zur Verfügung, von denen immer nur eine durch Anklicken aktiviert werden kann. Die aktive Option ist durch einen Punkt im Kreis markiert.

Mit den Bildlaufleisten (scroll bars) kann der sichtbare Plot verschoben werden, wenn Daten außerhalb des Plots vorhanden sind. Es gibt Bildlaufleisten für die x-Achse, die y-Achse des analogen Plots und die Kurvennamen des digitalen Plots.

Bei der Option *Auto* erscheinen die Bildlaufleisten, wenn der Plot vergrößert wird oder zusätzliche Kurven im Plot enthalten sind, die nicht im sichtbaren Bereich liegen. *Auto* ist voreingestellt. Bei der

Option *Never* werden niemals Bildlaufleisten eingeblendet und bei der Option *Always* sind die Bildlaufleisten ständig sichtbar, aber ausgeblendet, wenn sie nicht benötigt werden.

Bei *Auto-Update Interval* stehen drei Optionen zur Verfügung, von denen immer nur eine durch Anklicken aktiviert werden kann. Die aktive Option ist durch einen Punkt im Kreis markiert.

Auto-Update Interval legt fest, in welchen Abständen Plotfenster, die sich im Auto-update Modus (s. *Probe Setup* in Schematics) befinden, aufgefrischt werden. Bei der Option *Auto* erfolgt die Auffrischung des Bildschirms automatisch. Der Bildschirm wird immer dann aufgefrischt, wenn Simulationen neue Daten liefern. *Auto* ist voreingestellt. Bei der Option *Every □ sec* wird der Plot in den angegebenen Zeitabständen ergänzt. Im Kästchen wird die Zeit in Sekunden angegeben. Voreinstellung ist 1 sec. Die Option *Every □ %* bewirkt, daß der Plot gemäß dem prozentualen Fortschritt der Analyse ergänzt wird. Im Kästchen muß ein Prozentwert eingetragen werden. Wird hier z.B. 10 eingegeben, so wird der Plot zum ersten Mal ergänzt, wenn 10 % der Simulation durchgeführt wurden. Die Vorgabe von Probe ist hier 10 %.

Rechts im Dialogfenster *Probe Options* befinden sich noch einige Optionen, die alle gleichzeitig gewählt werden können. Die aktivierten Optionen werden durch ein Kreuz im Kästchen gekennzeichnet. Das An- und Abschalten der Optionen erfolgt durch Anklicken.

Durch Anklicken der Option *Display Status Line* kann die Statuszeile ein- bzw. ausgeschaltet werden.

Bei *Mark Data Points* werden die aktuellen Datenpunkte auf den Kurven gezeigt. Die Kurven werden durch Verbinden der einzelnen Datenpunkte dargestellt. Bei inaktiver Option erscheinen keine Datenpunkte auf den Kurven.

Display Evaluation stellt bei Eingabe einer Zielfunktion mit *Eval Goal Function* die markierten und berechneten Punkte, Werte der Zielfunktion und die für die Ausführung verwendeten Kurven dar. Siehe hierzu auch den Untermenüpunkt *Eval Goal Function* im *Trace*-Menü.

Mit *Display Statistics* sind Statistiken mit Histogrammen möglich. Folgende Statistik-Daten werden dargestellt:

n samples	Anzahl der Monte Carlo-Durchläufe
n divisons	Anzahl der Einteilungen der x-Achse für das Histogramm
mean	Arithmetischer Mittelwert aller Zielfunktions-Werte
sigma	Standardabweichung nach der Formel

$$sigma = \sqrt{\frac{1}{n-1} \cdot \left[\sum_{i=1}^{n} x_i^2 - \frac{1}{n} (\sum_{i=1}^{n} x_i)^2 \right]}$$

mit	n	Anzahl der Punkte x1, ..., xn
	x_i	Wert der Punkte x1, ..., xn

minimum	Minimum der Zielfunktion
10th percentile	10%-Wert
median	Median (Zentralwert)
90th percentile	90%-Wert
maximum	Maximum der Zielfunktion

Bei *Highlight Error States* werden Fehlerzustände hervorgehoben dargestellt.

Durch Anklicken der Option *Display Toolbar* kann die Symbolleiste ein- bzw. ausgeschaltet werden.

In der Voreinstellung von Probe sind die Optionen *Display Status Line, Display Statistics, Highlight Error States* und *Display Toolbar* aktiv.

Im Eingabefeld *Number of Histogram Divisions* kann die Anzahl der Einteilungen des Histogramms eingegeben werden, Voreinstellung ist 10.

Die Optionen *Auto-Update Interval, Display Status Line* und *Display Toolbar* gelten global, alle anderen Optionen können für jedes einzelne Plotfenster anders gewählt werden. Wurde eine geänderte Konfiguration durch Anklicken der Schaltfläche *OK* gespeichert, so entspricht die Konfiguration aller nachfolgend geöffneten Plotfenster diesen Einstellungen. Bereits vorhandene Plotfenster behalten ihre Konfigurationen bei. Beim Neustart von Probe werden für ein neues Plotfenster die Einstellungen der zuletzt gespeicherten Konfiguration des Dialogfensters *Probe Options* verwendet. Wird die Schaltfläche *Cancel* angeklickt, so bleiben die alten Einstellungen erhalten. Um die Voreinstellungen von Probe zu erhalten, müssen nacheinander die Schaltflächen *Reset* und *OK* angeklickt werden. Danach ist die ursprüngliche Konfiguration von Probe wieder fest gespeichert und wird auch bei einem Neustart geladen.

Achtung: Durch Anklicken von *OK* werden Änderungen in der Datei MSIM_EV.INI, die mit einem Editor durchgeführt wurden, auf den aktuellen Stand des Dialogfensters *Probe Options* gebracht!

5.2.2.7 Das *Window*-Menü

Das *Window*-Menü enthält Untermenüpunkte, die für den Gebrauch der Plotfenster benötigt werden.

New

Durch Anklicken des Untermenüpunktes *New* im *Window*-Menü wird ein neues Plotfenster geöffnet. Dieses Plotfenster benutzt die gleiche Datei <Schaltungsname>.DAT, die gleiche Analyseart und die gleichen Simulationsteile wie das zu diesem Zeitpunkt aktive Plotfenster.

Close

Durch Anklicken des Untermenüpunktes *Close* im *Window*-Menü wird das aktive Plotfenster (Titelleiste des Plotfensters invers darge-stellt) geschlossen.

Arrange

Durch Anklicken des Untermenüpunktes *Arrange* im *Window*-Menü erscheint das Dialogfenster *Arrange Windows*.

In diesem Dialogfenster können bei *Arrangements* vier Optionen an-geklickt werden. Die gewählte Option wird durch einen Punkt im Kreis markiert.

Die Auswahl wird durch Anklicken von *OK* durchgeführt oder durch *Cancel* abgebrochen, das Dialogfenster wird geschlossen.

Bei *Tile* werden die verschiedenen Plotfenster alle neben- und untereinander angeordnet, so daß alle Fenster sichtbar sind. Falls sehr viele Plotfenster geöffnet sind, hat die Option *Tile* den Nachteil, daß die Fläche, die für jedes Plotfenster zur Verfügung steht, sehr klein ist.

Bei *Tile Horizontal* werden die verschiedenen Plotfenster horizontal, d.h. übereinander angeordnet. Sind mehr als drei Plotfenster geöffnet, ordnet Probe die Plotfenster zusätzlich nebeneinander an.

Bei *Tile Vertical* werden die verschiedenen Plotfenster vertikal, d.h. nebeneinander angeordnet. Sind mehr als drei Plotfenster geöffnet, ordnet Probe die Plotfenster zusätzlich übereinander an.

Bei *Cascade* werden die Plotfenster kaskadiert hintereinander angeordnet. Man kann dadurch bei allen Plotfenstern die Titelleiste sehen und somit auch anklicken, um das Plotfenster in den Vordergrund zu stellen. Wenn mehr Plotfenster vorhanden sind als im *Probe*-Fenster kaskadiert werden können, beginnt Probe mit einer zweiten Kaskadierung, die auf die ersten Plotfenster gesetzt wird.

1, 2, ..., 9

Hier werden die Titel der Plotfenster angezeigt. Durch Anklicken eines Titels wird dieses Plotfenster in den Vordergrund gebracht.

Weitere Fenster

Dieser Untermenüpunkt erscheint nur, wenn mehr als neun Plotfenster geöffnet sind. Durch Anklicken dieses Menüpunktes erscheint das Dialogfenster *Fenster auswählen*, in dem ein Listenfeld mit einer Bildlaufleiste am rechten Rand enthalten ist. Durch Doppelklicken oder einfaches Klicken und anschließendes Klicken auf die Schaltfläche *OK* wird das gewünschte Plotfenster in den Vordergrund gebracht. Durch Anklicken der Schaltfläche *Abbrechen* wird das Dialogfenster geschlossen, die Anordnung der Plotfenster wird nicht verändert.

5.2.2.8 Das *Help*-Menü

Das *Help*-Menü enthält nur den Untermenüpunkt *About Probe*.

About Probe

Durch Anklicken des Untermenüpunktes *About Probe* im *Help*-Menü erscheint das gleichnamige Dialogfenster. Es enthält Angaben über die Versionsnummer des MicroSim Waveform Analyzers Probe, Erscheinungsdatum der Version, Copyright-Informationen und die Kontaktadresse, unter der die Vollversion von MicroSim PSpice bezogen werden kann.

5.2.2.9 Probe Hotkeys

Zu einigen Menüpunkten von Probe gibt es sogenannte Hotkeys. Dies sind Tastenkombinationen, die dazu dienen sollen, spezielle Menüpunkte direkt anzuwählen, ohne verschiedene Menüs öffnen zu müssen.

Hotkey	Haupt- / Untermenüpunkt
Strg+F12	File / Open
Strg+Shift+F12	File / Print
Alt+F4	File / Exit
Strg+X	Edit / Cut
Strg+C	Edit / Copy
Strg+V	Edit / Paste
Entf-Taste	Edit / Delete
Einfg-Taste	Trace / Add
Strg+Y	Plot / Add Y Axis
Strg+Shift+Y	Plot / Delete Y Axis
Strg+N	View / Fit
Strg+I	View / In
Strg+O	View / Out
Strg+A	View / Area
Strg+P	View / Previous
Strg+L	View / Redraw
Strg+Shift+C	Tools / Cursor / Display
Strg+Shift+P	Tools / Cursor / Peak
Strg+Shift+T	Tools / Cursor / Trough

Hotkey	Haupt- / Untermenüpunkt
Strg+Shift+L	Tools / Cursor / Slope
Strg+Shift+M	Tools / Cursor / Min
Strg+Shift+X	Tools / Cursor / Max
Strg+Shift+I	Tools / Cursor / Point
Strg+Shift+S	Tools / Cursor / Search Commands
Strg+Shift+N	Tools / Cursor / Next Transition
Strg+Shift+R	Tools / Cursor / Previous Transition

5.2.2.10 Probe-Symbolleiste

Zu einigen Menüpunkten gibt es Schaltflächen auf der Symbolleiste, um spezielle Menüpunkte anzuwählen, ohne verschiedene Menüs öffnen zu müssen. Diese Schaltflächen sind nachfolgend dargestellt.

 File / Open

 File / Append

 File / Print

 Edit / Cut

 Edit / Copy

 Edit / Paste

🔍	View / In
🔍	View / Out
🔍	View / Area
🔍	View / Fit
▥	Umschalten zwischen linearer und logarithmischer Einteilung der X-Achse
▦	Fourier Analyse ein- / ausschalten
◈	Performance Analyse ein- / ausschalten
▤	Umschalten zwischen linearer und logarithmischer Einteilung der Y-Achse
▨	Trace / Add
▥	Trace / Eval Goal Function
▨	Tools / Label / Text
✳	Tools / Cursor / Display
⋏	Tools / Cursor / Peak
⋎	Tools / Cursor / Trough
⨍	Tools / Cursor / Slope

	Tools / Cursor / Min
	Tools / Cursor / Max
	Tools / Cursor / Point
	Tools / Cursor / Search Command
	Tools / Cursor / Next Transition
	Tools / Cursor / Previous Transition
	Mark Data Points ein- / ausschalten

5.2.2.11 Anmerkung zum Drucken mit Schwarzweißdruckern

Falls beim Drucken mit einem Schwarzweißdrucker Probleme auftreten, d.h. einzelne Kurven oder Kurvensymbole werden nicht gedruckt, kann dies an den eingestellten Farben liegen. Um das Problem zu beseitigen, sollten in der Datei MSIM_EV.INI (Windows-Verzeichnis) im Bereich [PROBE PRINTER COLORS] alle Kurvenfarben (TRACE_1 bis TRACE_12) auf schwarz (BLACK) gesetzt werden.

Beispiel: TRACE_1 = BLACK
.
.
.
TRACE_12 = BLACK

Des weiteren ist allgemein für Schwarzweiß- und Farbdrucker sehr wichtig zu beachten, daß die Orientierung der Grafik (Hoch- oder Querformat) je nach Drucker im Dialogfenster *Print* sowohl unter *Page Setup* als auch unter *Printer Setup* einzustellen ist. Wenn beispielsweise unter *Page Setup* als Orientierung Querformat, unter *Printer Setup* jedoch noch Hochformat eingestellt ist, erfolgt der Ausdruck bei den Druckern der HP Desk Jet Serien im Hochformat; die Einstellungen im *Printer Setup* haben bei den meisten Druckern Vorrang vor den Probe-Einstellungen im *Page Setup*.

5.3 Beispiele für die grafische Ausgabe mit Probe

In diesem Kapitel sollen einige Darstellungsmöglichkeiten mit Probe anhand zweier Beispiele gezeigt werden.

Als erstes Beispiel dient ein Reihenschwingkreis. Das Schaltbild enthält einen Widerstand Rs, der variabel ist. Dadurch ergeben sich Schwingkreise mit unterschiedlicher Güte. Als zweites Beispiel dient eine Differenzverstärker-Schaltung.

Für beide Schaltungen wird die Eingabe in Schematics beschrieben. Schaltpläne, von Schematics erstellte Eingabedatensätze und einige grafische Darstellungen, auf die bereits im Kapitel 5.2.2 verwiesen wurden, werden in diesem Kapitel dargestellt.

Im folgenden wird die Eingabe der Schaltkreise sowie das Entstehen der Bilder durch Angabe der gewählten Menüpunkte und die benötigten Eingaben ausführlich beschrieben. Es wird davon ausgegangen, daß der Punkt *Automatically Run Probe after Simulation* unter dem Hauptmenüpunkt *Analysis* und dessen Untermenüpunkt *Probe Setup* aktiviert ist.

In den Schaltkreisen wurden teilweise abgeänderte Bauteile wie z.B. ein Widerstand in DIN-Darstellung verwendet. In Kapitel 6 wird erklärt, wie eine eigene Bauteilbibliothek (library) erstellt werden kann und wie diese in Schematics einzubinden ist.

Beispiel 1: Reihenschwingkreis I

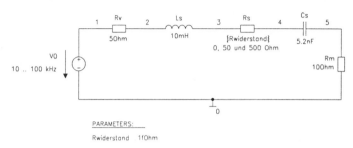

Abbildung 5.3-1: Reihenschwingkreis mit Rs = 0 Ohm, Rs = 50 Ohm und
Rs = 500 Ohm

Beschreibung der Eingabe in Schematics

1. Start

Das Programm Schematics wird durch Doppelklicken auf das Programmsymbol gestartet.

2. Eingabe der Bauteile des Reihenschwingkreises

Durch Anklicken des Untermenüpunktes *Get New Part* des Hauptmenüpunktes *Draw* wird das Dialogfenster *Add Part* geöffnet. In diesem Dialogfenster werden die Bauteile ausgewählt. Zunächst im Eingabefeld *Part* "R" für den Widerstand eingeben und danach die
Schaltfläche *OK* anklicken. An der Stelle des Cursors befindet sich
nun der Widerstand. Diesen an die gewünschte Stelle bewegen und
durch Drücken der linken Maustaste plazieren. Danach den zweiten
Widerstand genauso plazieren. Der dritte Widerstand wird durch
Drücken von Strg+R um 90° gedreht und wie gehabt plaziert.

Den Kondensator "C" und die Spule "L" wie für den Widerstand "R" beschrieben im Dialogfenster *A dd Part* auswählen und durch Drücken der linken Maustaste plazieren.

Als Spannungsquelle wird "VSRC" (Bauteilbibliothek *source.slb*) im Dialogfenster *A dd Part* eingegeben und die Schaltfläche *OK* angeklickt. Durch Drücken der linken Maustaste wird die Spannungsquelle plaziert.

Zuletzt müssen noch die Bauteile "AGND" und "ARROW" wie die anderen Bauteile aufgerufen und plaziert werden.

Die Bauteile können nun noch verschoben werden, um sie wie in Abbildung 5.3-1 anzuordnen. Durch Anklicken des zu verschiebenden Bauteils erhält dieses eine andere Farbe. Den Mauszeiger auf das so markierte Bauteil bewegen und die linke Maustaste gedrückt halten. Das Bauteil kann nun mit gedrückter Maustaste verschoben werden. Wenn das Bauteil die gewünschte Position hat, Maustaste loslassen.

3. Zeichnen der Leitungen zwischen den Bauteilen

Nach Auswahl des Untermenüpunktes *Wire* des Hauptmenüpunktes *Draw* oder durch die Tastenkombination Strg+W nimmt der Mauszeiger die Form eines Bleistiftes an. Nun kann eine Leitung gezogen werden. Hierzu bewegt man die Spitze des Stiftes auf die Stelle, an der die Leitung beginnen soll. Durch Anklicken wird der Leitungsanfang festgelegt. Um ein Leitungsstück fertigzustellen, muß die linke Maustaste einmal gedrückt werden. Danach kann gleich das nächste Stück gezeichnet werden. Dadurch kann eine Leitung um 90° abgewinkelt werden. Das Zeichnen einer Leitung wird durch Doppelklicken der linken Maustaste beendet, durch Doppelklick mit der rechten Maustaste ("letzten Befehl wiederholen") kann weitergezeichnet werden. Auf diese Weise werden alle Leitungen zwischen den Bauteilen nacheinander gezeichnet.

4. Umbenennen der Bauteile

Die Bauteile werden automatisch von Schematics in aufsteigender Reihenfolge (also R1, R2 usw.) bezeichnet. Diese Bezeichnungen können geändert werden, indem man die Bezeichnung doppelt anklickt. Daraufhin erscheint das Dialogfenster *Edit Reference Designator*. Hier kann die Bezeichnung im Feld *Package Reference Designator* eingegeben werden. Mit *OK* wird die Eingabe abgeschlossen. Auf diese Weise werden nacheinander die Bezeichnungen R1, R2 und R3 in Rv, Rs und Rm, L1 in Ls, C1 in Cs und V1 in V0 geändert. Diese Bezeichnungen können durch Anklicken an die gewünschte Stelle geschoben werden. Die Bezeichnung wird dann umrandet abgebildet. Wenn der Mauszeiger (Pfeil) auf die umrandete Bezeichnung zeigt, kann diese mit gedrückter linker Maustaste an die gewünschte Stelle verschoben werden.

5. Bauteilwerte ändern

Zum Ändern der Bauteilwerte müssen diese doppelt angeklickt werden. Daraufhin erscheint das Dialogfenster *Set Attribute Value*. Hier wird der gewünschte Wert für das Bauteil eingegeben. Durch Klicken auf die Schaltfläche *OK* wird die Eingabe abgeschlossen. Folgende Werte müssen für die Bauteile des Reihenschwingkreises eingegeben werden:

Bauteil	Eingabe im Eingabefeld
Rv	5Ohm
Rm	10Ohm
Cs	5.2nF
Ls	10mH
Rs	{Rwiderstand}

Um den Wert der Spannungsquelle einzugeben, ist das Symbol der Spannungsquelle doppelt anzuklicken. Es erscheint ein Dialogfenster, in dem alle Eigenschaften (Attribute) der Spannungsquelle geändert werden können. Das Attribut *AC* wird angeklickt. In der Eingabezeile bei *Value* wird "1V 0" (Spannung 1V, Phasenverschiebung 0°) eingegeben und durch Drücken der Return-Taste bestätigt. Das Dialogfenster wird durch Klicken auf die Schaltfläche *OK* geschlossen.

6. Texte eingeben

Durch Anklicken des Hauptmenüpunktes *Draw* und dessen Untermenüpunkt *Text* oder durch die Tastenkombination Strg+T erscheint das Dialogfenster *Place Text*. In der Eingabezeile *Text* den gewünschten Text eingeben. Nach Beenden der Eingabe (Klicken auf die Schaltfläche *OK*) muß der Text an der gewünschten Stelle plaziert werden. Hierzu wird der Rahmen, der anstelle des Mauszeigers erscheint, an die Stelle, an der der Text stehen soll, bewegt und die linke Maustaste doppelt angeklickt. Auf diese Weise werden die beiden Texte "10..100 kHz" neben der Spannungsquelle und "0, 50 und 500 Ohm" unter dem Widerstand Rs plaziert. Die Größe der Schrift (im Dialogfenster unter *Text Size* änderbar) kann bei 100 % belassen werden, da dies der Größe der Bauteilbeschriftungen entspricht.

7. Parameterfunktion auswählen

Hierbei handelt es sich um ein definiertes Symbol, das nach Wahl des Hauptmenüpunktes *Draw* und dessen Untermenüpunkt *Get New Part* aufgerufen werden kann. Das Symbol *PARAM* ist in der Bibliothek *special.slb* enthalten und wird wie in 2. beschrieben ausgewählt und plaziert. Danach ist das Symbol doppelt anzuklicken, um folgende Attribute einzugeben:

> *NAME1*   Rwiderstand
> *VALUE1*   1fOhm

Der Wert "0 Ohm" für den variablen Widerstand führt zu Schwierigkeiten, deshalb wird der sehr kleine Wert "1 Femtoohm" gewählt. Die Eingabe erfolgt durch Anklicken des Attributes und Eingabe bei *Value*. Das Dialogfenster wird durch Anklicken der Schaltfläche *OK* geschlossen. Die eingegebenen Attribute erscheinen unterhalb des Symbols PARAMETERS und können wie die Bezeichnungen der Bauteile verschoben werden.

8. Vergabe von Labels für die Leitungen

Den einzelnen Leitungen bzw. Knoten werden Bezeichnungen (labels) zugeordnet. In diesem Beispiel sind dies Zahlen in aufsteigender Reihenfolge, beginnend mit "0", die bereits der Leitung, an der der Massepunkt AGND angeschlossen ist, zugeordnet ist. Um die anderen Labels zu vergeben, werden die einzelnen Leitungen doppelt angeklickt. Es erscheint das Dialogfenster *Set Attribute Value*. In der

Eingabezeile *Label* ist die Bezeichnung (in diesem Beispiel 1 bis 5) einzugeben. Die Eingabe wird durch *OK* abgeschlossen.

9. Wahl der Analysearten

Durch Anklicken des Hauptmenüpunktes *Analysis* und dessen Untermenüpunkt *Setup* wird das Dialogfenster *Analysis Setup* geöffnet. Hier werden die gewünschten Analysearten aktiviert. Dies geschieht durch Anklicken des Kästchens vor der jeweiligen Analyseart. Eine aktivierte Analyseart ist durch ein Kreuz im Kästchen gekennzeichnet. Für das Beispiel des Reihenschwingkreises ist *AC Sweep* und *Parametric* zu aktivieren. Bei beiden Analysearten müssen weitere Einstellungen vorgenommen werden:

Analyseart *AC Sweep* (Wechselstrom-Kleinsignalanalyse)

> Durch Anklicken von *AC Sweep* erscheint das Dialogfenster *AC Sweep and Noise Analysis*.
> Bei *AC Sweep Type* wird *Linear* durch Anklicken ausgewählt. Die ausgewählte Option *Linear* wird durch einen schwarzen Punkt im Kreis markiert.
> Danach sind noch die Parameter für die Wechselstrom-Kleinsignalanalyse bei *Sweep Parameters* einzugeben:

> *Total Pts.:*   10000
> *Start Freq.:*   10k
> *End Freq.:*   100k

> Die Eingabe wird durch Anklicken der Schaltfläche *OK* abgeschlossen.

Analyseart *Parametric* (Parameter-Analyse)

Durch Anklicken von *Parametric* erscheint das Dialogfenster *Parametric*.

Bei *Swept Var. Type* die Option *Global Parameter* und bei *Sweep Type* die Option *Value List* durch Anklicken wählen. Die Optionen werden durch einen schwarzen Punkt im Kreis markiert.

Bei *Name* ist "Rwiderstand" und bei *Values* "1fOhm 50Ohm 500Ohm" einzugeben ("0Ohm" wird vom Programm nicht akzeptiert, daher ist "1fOhm" einzugeben). Der Wert "0Ohm" führt zu Schwierigkeiten. Die Eingabe wird durch Anklicken der Schaltfläche *OK* abgeschlossen.

Das Dialogfenster *Analysis Setup* wird durch Anklicken der Schaltfläche *Close* geschlossen.

10. Speichern der Schaltung

Durch Wahl des Hauptmenüpunktes *File* und dessen Untermenüpunkt *Save* wird die Schaltung gespeichert. Hierzu bei *Dateiname:* "rsk.sch" eingeben und die Schaltfläche *OK* anklicken.

11. Starten der Simulation

Durch Anklicken des Hauptmenüpunktes *Analysis* und dessen Untermenüpunkt *Simulate* oder durch Drücken der Taste F11 wird die Simulation gestartet.

Falls im Dialogfenster *Probe Setup* (Hauptmenüpunkt *Analysis*, Untermenüpunkt *Probe Setup*) die Option *Automatically Run Probe After Simulation* gewählt wurde, wird das Programm Probe automatisch nach der Simulation gestartet und die Datei RSK.DAT mit den Simulationsergebnissen geladen.

Für die folgenden Beschreibungen der grafischen Darstellungen in Probe wird die Beschreibung verkürzt. *File - Open* bedeutet: Unter dem Hauptmenüpunkt *File* den Untermenüpunkt *Open* anklicken. Falls Probe automatisch nach der Simulation der Schaltung gestartet wurde, entfallen die ersten beiden Punkte der Beschreibungen (Probe starten und das Laden der Datei RSK.DAT mit *File - Open*).

Die verschiedenen Dateien, die von PSpice bei der Simulation erzeugt werden, sehen für den Reihenschwingkreis wie folgt aus:

Datei RSK.CIR (Eingabedatensatz):

```
* D:\MSIMEV\BUCH\RSK.SCH

* Schematics Version 6.2 - April 1995
* Sun Nov 26 21:46:55 1995

.PARAM    Rwiderstand=1fOhm

** Analysis setup **
.ac LIN 10000 10K 100K
.STEP  PARAM Rwiderstand LIST
+ 1fOhm 50Ohm 500Ohm
.OP

* From [SCHEMATICS NETLIST] section of msim.ini:
.lib nom.lib

.INC "RSK.net"
.INC "RSK.als"

.probe

.END
```

Datei RSK.NET (Netzliste)

```
* Schematics Netlist *

R_Rv      1 2 5Ohm
R_Rs      3 4 {Rwiderstand}
R_Rm      0 5 10Ohm
C_Cs      4 5 5.2nF
L_Ls      2 3 10mH
V_V0      1 0  AC 1V 0
```

Datei RSK.ALS (Alias-Namen)

```
* Schematics Aliases *

.ALIASES
R_Rv         Rv(1=1 2=2 )
R_Rs         Rs(1=3 2=4 )
R_Rm         Rm(1=0 2=5 )
C_Cs         Cs(1=4 2=5 )
L_Ls         Ls(1=2 2=3 )
V_V0         V0(+=1 -=0 )
_       _(2=2)
_       _(1=1)
_       _(4=4)
_       _(3=3)
_       _(5=5)
.ENDALIASES
```

Vorgehensweise für Abbildung 5.3-2:

(1) Im Windows Programm-Manager das Icon Probe doppelklicken,
     um das Programm Probe zu starten.

(2) *File - Open:*

RSK.DAT wählen bzw. eingeben und Schaltfläche *OK* anklikken.

(3) Im Dialogfenster *Available Sections* die Option *All* und danach
OK anklicken.

(4) *Trace - Add* (Einfg-Taste):

"I(Rm)" eingeben oder durch Anklicken auswählen und durch
Anklicken der Schaltfläche *OK* das Dialogfenster *Add Traces*
schließen.

(5) Bestimmung der Maxima der Kurven:

- Mit *Tools - Cursor - Display* wird der Cursor eingeblendet.

- Mit *Tools - Cursor - Max* wird der Cursor auf das Maximum
  der ersten Kurve mit R=0Ohm gesetzt (Tastenkombination
  Strg+Shift+X)

- Unterhalb des Plotfensters das Farbsymbol der zweiten Kurve
  mit R=50Ohm anklicken. Der Cursor wird auf diese Kurve gesetzt.

- Mit *Tools - Cursor - Max* wird der Cursor auf das Maximum
  der zweiten Kurve mit R=50Ohm gesetzt.

- Unterhalb des Plotfensters das Farbsymbol der dritten Kurve
  mit R=500Ohm anklicken. Der Cursor wird auf diese Kurve
  gesetzt.

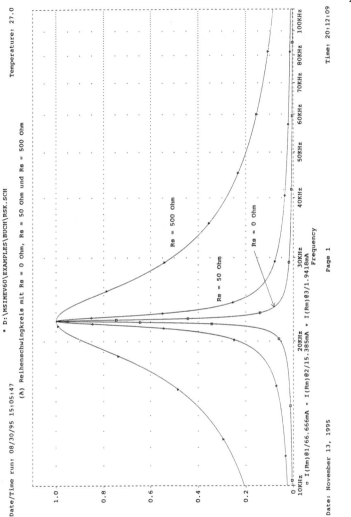

Abbildung 5.3-2: Normierte Ausgabe der Ströme durch den Widerstand Rm in Abhängigkeit des Widerstandes Rs (Schwingkreisgüte)

- Mit *Tools - Cursor - Max* wird der Cursor auf das Maximum der dritten Kurve mit R=500Ohm gesetzt.

- Für die Bestimmung der Maxima wird immer Cursor A1 verwendet. Folgende Werte können in der Cursoranzeige rechts unten im Plotfenster bei A1 abgelesen werden:

Kurve	Rs	Y-Wert (Maximum)
1	0 Ohm	66,666 mA
2	50 Ohm	15,385 mA
3	500 Ohm	1,9418 mA

(6) I(Rm) unterhalb des Plotfensters anklicken.

(7) Mit *Edit - Delete* oder der Entf-Taste werden die Kurven wieder gelöscht.

(8) *Plot - Y Axis Settings:*

Im Dialogfenster *Y Axis Settings* die Option *User Defined* bei *Data Range* anklicken, "0" bis "1.1" eingeben und Schaltfläche *OK* anklicken.

(9) *Trace - Add* oder Einfg-Taste

Eingabe:
"I(Rm)@1/66.666mA I(Rm)@2/15.385mA I(Rm)@3/1.9418mA"
und Schaltfläche *OK* anklicken.

(10) *Tools - Label - Text*

Im Dialogfenster *Text Label* nacheinander "Rs = 0 Ohm", "Rs = 50 Ohm" und "Rs = 500 Ohm" eingeben und Schaltfläche *OK* anklicken. Den Text jeweils an die gewünschte Stelle bewegen und die linke Maustaste drücken.

(11) *Tools - Label - Arrow*

Der Mauszeiger wird zum Stift. Anfangspunkt (Ende des Pfeils) wählen und linke Maustaste drücken. Endpunkt (Spitze des Pfeils) wählen und nochmals die linke Maustaste drücken.

(12) *Edit - Modify Title*

Im Dialogfenster *Modify Window Title* den gewünschten Titel für die Grafik eingeben und Schaltfläche *OK* anklicken.

(13) *Tools - Options*

Im Dialogfenster *Probe Options* bei *Use Symbols* den Befehl *Always* anklicken (Punkt im Kreis davor) und durch Anklicken der Schaltfläche *OK* das Dialogfenster schließen.

(14) *File - Print* oder Tastenkombination Strg+Shift+F12

Wenn nötig, im Dialogfenster *Print* den Drucker durch Anklicken der Schaltfläche *Printer Select* auswählen, andernfalls wird der unter Windows eingestellte Drucker verwendet.
Schaltfläche *Page Setup* und im gleichnamigen Dialogfenster das Kästchen *Draw Border* anklicken. Es darf dann kein Kreuz mehr enthalten. Danach Schaltfläche *OK* einmal im Dialogfenster *Page Setup* und einmal im Dialogfenster *Print* anklicken, um die Grafik auf dem Drucker oder Plotter auszugeben.

238

Vorgehensweise für Abbildung 5.3-3:

(1) Im Windows Programm-Manager das Icon Probe doppelklicken, um das Programm Probe zu starten.

(2) *File - Open*

RSK.DAT wählen bzw. eingeben und Schaltfläche *OK* anklicken.

(3) Im Dialogfenster *Available Sections* die Option *All* und danach *OK* anklicken.

(4) *Trace - Add* (Einfg-Taste)

Im Dialogfenster *Add Traces* "Ip(Rm)+180" eingeben ("+180" verschiebt die Phasenkurve um 180° in einen positiven Bereich) und Schaltfläche *OK* anklicken.

(5) *Tools - Label - Text*

Im Dialogfenster *Text Label* nacheinander "Rs = 0 Ohm", "Rs = 50 Ohm" und "Rs = 500 Ohm" eingeben und Schaltfläche *OK* anklicken. Den Text jeweils an die gewünschte Stelle bewegen und die linke Maustaste drücken.

(6) Markieren eines Kurvenpunktes

- Mit *Tools - Cursor - Display* wird der Cursor eingeblendet.

- Den Cursor auf die gewünschte Stelle der Kurve bewegen.

- Mit *Tools - Label - Mark* wird der Punkt, an dem sich der Cursor befindet, markiert.

239

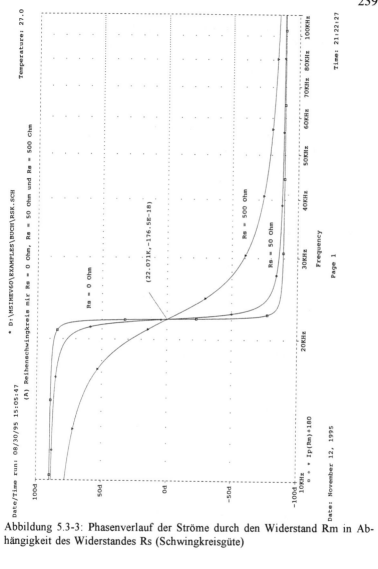

Abbildung 5.3-3: Phasenverlauf der Ströme durch den Widerstand Rm in Abhängigkeit des Widerstandes Rs (Schwingkreisgüte)

- (x,y)-Wert durch Anklicken markieren und mit gedrückter Maustaste an die gewünschte Stelle verschieben

- Mit *Tools - Cursor - Display* wird der Cursor wieder ausgeblendet.

(7) *Edit - Modify Title*

Im Dialogfenster *Modify Window Title* den gewünschten Titel für die Grafik eingeben und Schaltfläche *OK* anklicken.

(8) *Tools - Options*

Im Dialogfenster *Probe Options* bei *Use Symbols* den Befehl *Always* anklicken (Punkt im Kreis davor) und durch Anklicken der Schaltfläche *OK* das Dialogfenster schließen.

(9) *File - Print* oder Tastenkombination Strg+Shift+F12

Wenn nötig, im Dialogfenster *Print* den Drucker durch Anklicken der Schaltfläche *Printer Select* auswählen, andernfalls wird der in Windows eingestellte Drucker verwendet.
Schaltfläche *Page Setup* und im Dialogfenster *Page Setup* das Kästchen *Draw Border* anklicken. Es darf dann kein Kreuz mehr enthalten. Danach Schaltfläche *OK* einmal im Dialogfenster *Page Setup* und einmal im Dialogfenster *Print* anklicken, um die Grafik auf den Drucker oder Plotter auszugeben.

Vorgehensweise für Abbildung 5.3-4:

(1) Im Windows Programm-Manager das Icon Probe doppelklicken, um das Programm Probe zu starten.

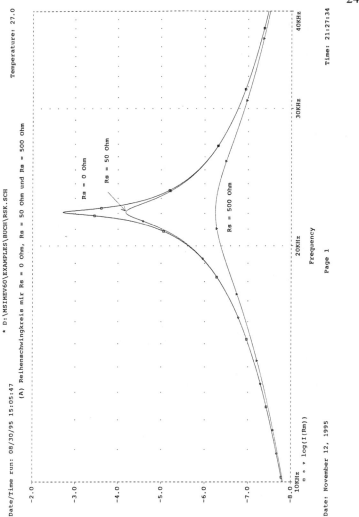

Abbildung 5.3-4: Logarithmische Darstellung (Basis e) der Ströme durch den Widerstand Rm in Abhängigkeit des Widerstandes Rs (Schwingkreisgüte)

(2) *File - Open*

RSK.DAT wählen bzw. eingeben und Schaltfläche *OK* anklicken.

(3) Im Dialogfenster *Available Sections* die Option *All* und danach *OK* anklicken.

(4) *Trace - Add* (Einfg-Taste)

Im Dialogfenster *Add Traces* "log(I(Rm))" eingeben und Schaltfläche *OK* anklicken.

(5) *Plot - X Axis Settings*

Im Dialogfenster *X Axis Settings* die Option *User Defined* bei *Data Range* anklicken und "10KHz" bis "40KHz" eingeben. Danach Schaltfläche *OK* anklicken.

(6) *Tools - Label - Text*

Im Dialogfenster *Text Label* nacheinander "Rs = 0 Ohm", "Rs = 50 Ohm" und "Rs = 500 Ohm" eingeben und Schaltfläche *OK* anklicken. Den Text jeweils an die gewünschte Stelle bewegen und die linke Maustaste drücken.

(7) *Tools - Label - Arrow*

Der Mauszeiger wird zum Stift. Stift an den Anfangspunkt (Ende des Pfeils) bewegen und linke Maustaste drücken. Stift zum Endpunkt (Spitze des Pfeils) bewegen und nochmals die linke Maustaste drücken.

(8) *Edit - Modify Title*

Im Dialogfenster *Modify Window Title* den gewünschten Titel
für die Grafik eingeben und Schaltfläche *OK* anklicken.

(9) *Tools - Options*

Im Dialogfenster *Probe Options* bei *Use Symbols* den Befehl
Always anklicken (Punkt im Kreis davor) und durch Anklicken
der Schaltfläche *OK* das Dialogfenster schließen.

(10) *File - Print* oder Tastenkombination Strg+Shift+F12

Wenn nötig, im Dialogfenster *Print* den Drucker durch Anklicken
der Schaltfläche *Printer Select* auswählen, andernfalls wird der in
Windows eingestellte Drucker verwendet.
Schaltfläche *Page Setup* und im Dialogfenster *Page Setup* das
Kästchen *Draw Border* anklicken. Es darf dann kein Kreuz mehr
enthalten. Danach Schaltfläche *OK* einmal im Dialogfenster *Page
Setup* und einmal im Dialogfenster *Print* anklicken, um die Gra-
fik auf den Drucker oder Plotter auszugeben.

Vorgehensweise für Abbildung 5.3-5:

(1) Im Windows Programm-Manager das Icon Probe doppelklicken,
um das Programm Probe zu starten.

(2) *File - Open*

RSK.DAT wählen bzw. eingeben und Schaltfläche *OK* anklicken.

(3) Im Dialogfenster *Available Sections* den Schwingkreis mit Rs =
0 Ohm auswählen. Dazu zuerst die Schaltfläche *None* und danach

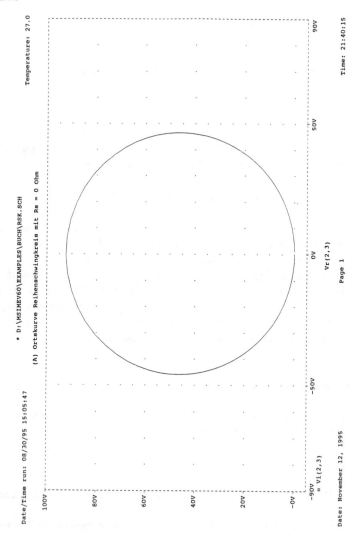

Abbildung 5.3-5: Ortskurve des Schwingkreises mit Rs = 0 Ohm

die oberste Zeile im Listenfeld anklicken. Die ausgewählte Zeile wird dann invers dargestellt. Danach Schaltfläche *OK* anklicken.

(4) *Plot - X Axis Settings*

Im Dialogfenster *X Axis Settings* bei *Scale* die Option *Linear* anklicken. Der Punkt im Kreis markiert die aktive Option. Danach die Schaltfläche *OK* anklicken.
Nach erneutem *Plot - X Axis Settings* die Schaltfläche *Axis Variable* anklicken. Im Dialogfenster *X Axis Variable* "Vr(2,3)" eingeben und Schaltfläche *OK* anklicken.
Im Dialogfenster *X Axis Settings* ebenfalls die Schaltfläche *OK* anklicken.

(5) *Trace - Add* (Einfg-Taste)

Im Dialogfenster *Add Traces* "Vi(2,3)" eingeben und Schaltfläche *OK* anklicken.

(6) *Plot - Y Axis Settings*

Im Dialogfenster *Y Axis Settings* die Option *User Defined* anklicken und "-5V" bis "100V" eingeben und die Schaltfläche *OK* anklicken.

(7) *Plot - X Axis Settings*

Im Dialogfenster *X Axis Settings* die Option *User Defined* bei *Data Range* anklicken und "-90V" bis "90V" eingeben und die Schaltfläche *OK* anklicken.

246

(8) *Edit - Modify Title*

Im Dialogfenster *Modify Window Title* den gewünschten Titel für die Grafik eingeben und Schaltfläche *OK* anklicken.

(9) *Tools - Options*

Im Dialogfenster *Probe Options* bei *Use Symbols* den Befehl *Auto* anklicken (Punkt im Kreis davor) und *OK* anklicken.

(10) *File - Print* oder Tastenkombination Strg+Shift+F12

Wenn nötig, im Dialogfenster *Print* den Drucker durch Anklicken der Schaltfläche *Printer Select* auswählen, andernfalls wird der in Windows eingestellte Drucker verwendet.
Schaltfläche *Page Setup* und im Dialogfenster *Page Setup* das Kästchen *Draw Border* anklicken. Es darf kein Kreuz mehr enthalten. Danach Schaltfläche *OK* einmal im Dialogfenster *Page Setup* und einmal im Dialogfenster *Print* anklicken, um die Grafik auf den Drucker oder Plotter auszugeben.

Beispiel 2: Reihenschwingkreis II

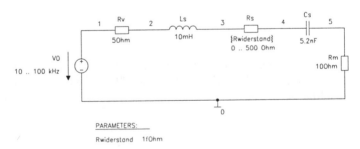

Abbildung 5.3-6: Reihenschwingkreis mit Rs = 0..500 Ohm

Beschreibung der Eingabe in Schematics

Die Eingabe dieses Reihenschwingkreises ist bis auf wenige Punkte gleich wie in Abbildung 5.3-1. Im folgenden wird beschrieben, wie die bereits eingegebene Schaltung abgeändert werden muß.

(1) Der Text "0, 50 und 500 Ohm" wird in "0..500 Ohm" geändert. Hierzu den Text doppelt anklicken und im Dialogfenster *Edit Text* den Text abändern und anschließend die Schaltfläche *OK* anklicken.

(2) Ändern der Einstellungen der Analysearten

Im Hauptmenü *Analysis* den Menüpunkt *Setup* anklicken. Das Dialogfenster *Analysis Setup* wird geöffnet.
Nach Anklicken der Schaltfläche *AC Sweep* erscheint das Dialogfenster *AC Sweep and Noise Analysis*. Als *AC Sweep Type* wird wieder *Linear* verwendet, jedoch werden die *Sweep Parameters* folgendermaßen geändert:

Total Pts.:   2000
Start Freq.:   10k
End Freq.:   100k

Die Eingabe wird durch Anklicken der Schaltfläche *OK* abgeschlossen.

Nach Anklicken der Schaltfläche *Parametric* erscheint das Dialogfenster *Parametric*. Bei *Sweep Type* muß anstelle der Option *Value List Linear* angeklickt werden. Bei *Start Value* muß "1fOhm", bei *End Value* "500Ohm" und bei *Increment* "50Ohm" eingegeben werden. Die Eingabe wird durch Klicken auf die Schaltfläche OK beendet.

Das Dialogfenster *Analysis Setup* wird durch Anklicken der Schaltfläche *Close* geschlossen.

(3) Im *File*-Menü muß die geänderte Schaltung nun durch Anklicken des Menüpunktes *Save As* unter einem neuen Namen gespeichert werden. Hierzu im Dialogfenster *Save As* als Dateiname "rsk0-500.sch" eingeben und die Schaltfläche *OK* anklicken.

(4) Durch Anklicken des Untermenüpunktes *Simulate* im Hauptmenü *Analysis* von Schematics oder durch Drücken der Taste F11 wird die Simulation für die geänderte Schaltung gestartet.

Die verschiedenen Dateien, die von PSpice bei der Simulation erzeugt werden, sehen für den abgeänderten Reihenschwingkreis folgendermaßen aus:

Datei RSK0-500.CIR (Eingabedatensatz):

```
* D:\MSIMEV\BUCH\RSK0-500.SCH

* Schematics Version 6.2 - April 1995
* Sun Nov 26 21:50:59 1995

.PARAM    Rwiderstand=1fOhm

** Analysis setup **
.ac LIN 2000 10K 100K
.STEP LIN PARAM Rwiderstand 1fOhm 500Ohm 50Ohm
.OP


* From [SCHEMATICS NETLIST] section of
  msim.ini:
.lib nom.lib
```

```
.INC "RSK0-500.net"
.INC "RSK0-500.als"

.probe

.END
```

Datei RSK0-500.NET (Netzliste):

```
* Schematics Netlist *

R_Rv      1 2 5Ohm
R_Rs      3 4 {Rwiderstand}
R_Rm      0 5 10Ohm
C_Cs      4 5 5.2nF
L_Ls      2 3 10mH
V_V0      1 0 AC 1V 0
```

Datei RSK0-500.ALS (Alias-Namen):

```
* Schematics Aliases *

.ALIASES
R_Rv          Rv(1=1  2=2 )
R_Rs          Rs(1=3  2=4 )
R_Rm          Rm(1=0  2=5 )
C_Cs          Cs(1=4  2=5 )
L_Ls          Ls(1=2  2=3 )
V_V0          V0(+=1  -=0 )
_     _(2=2)
_     _(1=1)
_     _(4=4)
_     _(3=3)
_     _(5=5)
.ENDALIASES
```

Bereich [GOAL FUNCTIONS] der Datei RSK0-500.PRB, die für die
Zielfunktion der Performance-Analyse benötigt wird:

```
[MACROS]


[GOAL FUNCTIONS]
* Definition der Zielfunktion

* Zielfunktion zur Bestimmung des Maximums

Maximum(1) = y1
   {
   1| Search forward max !1;
   }


* Zielfunktion zur Bestimmung der Bandbreite

Bandbreite(1) = x2 - x1
   {
   1| Search forward /Begin/ level(max-3,p)!1
      Search forward /Begin/ level(max-3,n)!2;
   }


[DISPLAYS]
```

Vorgehensweise für Abbildung 5.3-7:

(1) Im Windows Programm-Manager das Icon Probe doppelklik-
     ken, um das Programm Probe zu starten.

(2) *File - Open*

     RSK0-500.DAT wählen bzw. eingeben und *OK* anklicken.

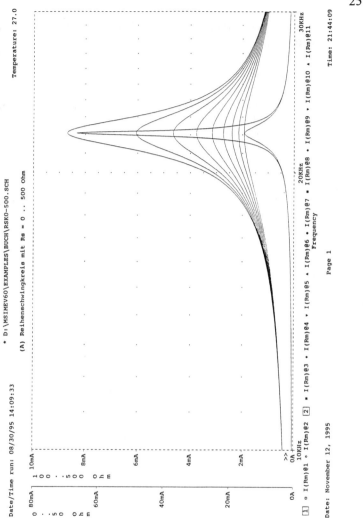

251

Abbildung 5.3-7: Unnormierte Ausgabe der Ströme durch den Widerstand Rm
mit zwei Y-Achsen

(3) Im Dialogfenster *Available Sections* die Option *All* und danach *OK* anklicken.

(4) *Plot - X Axis Settings*

Im Dialogfenster *X Axis Settings* die Option *User Defined* bei *Data Range* anklicken und "10KHz" bis "30KHz" eingeben. Danach Schaltfläche *OK* anklicken.

(5) *Trace - Add* (Einfg-Taste)

Im Dialogfenster *Add Traces* "I(Rm)@1 I(Rm@2" eingeben und Schaltfläche *OK* anklicken.

(6) *Plot - Add Y Axis* (Tastenkombination Strg+Y)

Die zweite Y-Achse wird eingefügt.

(7) *Trace - Add* (Einfg-Taste)

Im Dialogfenster *Add Traces* "I(Rm)@3 I(Rm)@4 I(Rm)@5 I(Rm)@6 I(Rm)@7 I(Rm)@8 I(Rm)@9 I(Rm)@10 I(Rm)@11" eingeben und Schaltfläche *OK* anklicken.

(8) *Plot - Y Axis Settings*

Im Dialogfenster *Y Axis Settings* werden die Bezeichnungen der Y-Achsen 1 "0..50 Ohm" und 2 "100..500 Ohm" eingegeben. Hierzu bei *Y Axis Number* hintereinander Y-Achse Nr. 1 und 2 wählen und bei *Axis Title* die Bezeichnung für die entsprechende Y-Achse eingeben. Danach die Schaltfläche *OK* anklicken, um die Eingabe zu beenden.

(9) *Edit - Modify Title*

Im Dialogfenster *Modify Window Title* den gewünschten Titel
für die Grafik eingeben und Schaltfläche *OK* anklicken.

(10) *Tools - Options*

Im Dialogfenster *Probe Options* bei *Use Symbols* den Befehl
Auto anklicken (Punkt im Kreis davor) und durch Anklicken der
Schaltfläche *OK* das Dialogfenster schließen.

(11) *File - Print* oder Tastenkombination Strg+Shift+F12

Wenn nötig, im Dialogfenster *Print* den Drucker durch Anklikken der Schaltfläche *Printer Select* auswählen, andernfalls wird
der in Windows eingestellte Drucker verwendet.
Schaltfläche *Page Setup* und im Dialogfenster *Page Setup* das
Kästchen *Draw Border* anklicken. Es darf kein Kreuz mehr enthalten. Danach Schaltfläche *OK* einmal im Dialogfenster *Page
Setup* und einmal im Dialogfenster *Print* anklicken, um die Grafik auf dem Drucker oder Plotter auszugeben.

Vorgehensweise für Abbildung 5.3-8:

(1) Im Windows Programm-Manager das Icon Probe doppelklicken,
um das Programm Probe zu starten.

(2) *File - Open*

RSK0-500.DAT wählen bzw. eingeben und *OK* anklicken.

(3) Im Dialogfenster *Available Sections* die Option *All* und danach
OK anklicken.

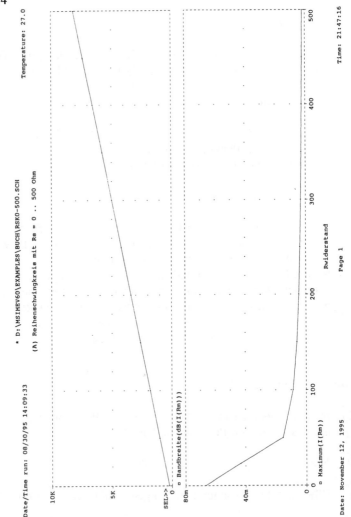

Abbildung 5.3-8: Beispiel für die Performance-Analyse: Maximum und Bandbreite der Schwingkreise

(4) *Plot - X Axis Settings*

Im Dialogfenster *X Axis Settings* bei *Processing Options Performance Analysis* anklicken. Das Kästchen muß danach ein Kreuz enthalten. Durch Anklicken der Schaltfläche *OK* wird das Dialogfenster verlassen.

(5) *Trace - Add* (Einfg-Taste)

Im Dialogfenster *Add Traces* "Maximum(I(Rm))" eingeben und Schaltfläche *OK* anklicken.

(6) *Tools - Options*

Im Dialogfenster *Probe Options* den Punkt *Mark Data Points* anklicken, so daß das Kästchen ein Kreuz enthält. Bei *Use Symbols* den Befehl *Auto* anklicken (Punkt im Kreis davor). Danach die Schaltfläche *OK* anklicken.

(7) *Plot - Add Plot*

Es wird ein weiterer Plot hinzugefügt.

(8) *Trace - Add* (Einfg-Taste)

Im Dialogfenster *Add Traces* "Bandbreite (dB(I(Rm)))" eingeben und Schaltfläche *OK* anklicken.

(9) *Edit - Modify Title*

Im Dialogfenster *Modify Window Title* den gewünschten Titel für die Grafik eingeben und Schaltfläche *OK* anklicken.

(10) *File - Print* oder Tastenkombination Strg+Shift+F12

Wenn nötig, im Dialogfenster *Print* den Drucker durch Anklik-
ken der Schaltfläche *Printer Select* auswählen, andernfalls wird
der in Windows eingestellte Drucker verwendet.
Schaltfläche *Page Setup* und im Dialogfenster *Page Setup* das
Kästchen *Draw Border* anklicken. Es darf kein Kreuz mehr ent-
halten. Danach Schaltfläche *OK* einmal im Dialogfenster *Page
Setup* und einmal im Dialogfenster *Print* anklicken, um die
Grafik auf dem Drucker oder Plotter auszugeben.

Beispiel 3: *Differenzverstärker-Schaltung*

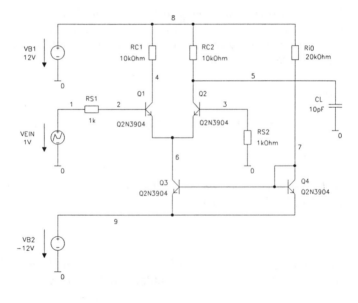

Abbildung 5.3-9: Differenzverstärker-Schaltung

Beschreibung der Eingabe in Schematics

1. Start

Das Programm Schematics wird durch Doppelklicken auf das Programmsymbol gestartet.

2. Eingabe der Bauteile

Durch Anklicken des Untermenüpunktes *Get New Part* des Hauptmenüpunktes *Draw* wird das Dialogfenster *Add Part* geöffnet. In diesem Dialogfenster werden die Bauteile ausgewählt. Zunächst im Eingabefeld *Part* "R" für den Widerstand eingeben und danach die Schaltfläche *OK* anklicken. An der Stelle des Cursors befindet sich nun der Widerstand. Diesen an die gewünschte Stelle bewegen und durch Drücken der linken Maustaste plazieren. Den nächsten Widerstand durch Drücken von Strg+R um 90° drehen und diesen und die anderen drei Widerstände durch Drücken der linken Maustaste nacheinander plazieren.

Den Kondensator "C", wie für den Widerstand "R" bereits beschrieben, aufrufen und an der gewünschten Stelle plazieren.

Die Transistoren werden ebenfalls im Dialogfenster *Add Part* ausgewählt. Hierzu wird ein NPN-Bipolar-Transistor 2N3904 benötigt. Dieser kann durch Eingabe von "Q2N3904" im Dialogfenster *Add Part* aus der Bibliothek *eval.slb* ausgewählt werden. Die Plazierung erfolgt wie beim Widerstand beschrieben. Die Transistoren Q2 und Q3 müssen vor dem Plazieren mit Strg+F gespiegelt werden.

Als Spannungsquellen werden zwei unabhängige Spannungsquellen "VSRC" und eine unabhängige Spannungsquelle mit stückweise linearem Verlauf "VPWL" aus der Bibliothek *source.slb* benötigt. Die Spannungsquellen werden wie beim Widerstand beschrieben ausgewählt und plaziert.

Zuletzt müssen noch die Bauteile "AGND" und "ARROW", wie für die anderen Bauteile beschrieben, ausgewählt und plaziert werden.

Die Bauteile können nun noch verschoben werden, um sie wie in Abbildung 5.3-9 anzuordnen. Durch Anklicken des zu verschiebenden Bauteiles erhält dieses eine andere Farbe. Den Mauszeiger auf das so markierte Bauteil bewegen und die linke Maustaste gedrückt halten. Das Bauteil kann nun mit gedrückter Maustaste verschoben werden. Wenn das Bauteil die gewünschte Position hat, Maustaste loslassen.

3. Zeichnen der Leitungen zwischen den Bauteilen

Nach Wahl des Untermenüpunktes *Wire* des Hauptmenüpunktes *Draw* oder durch die Tastenkombination Strg+W nimmt der Mauszeiger die Form eines Bleistiftes an. Nun kann eine Leitung gezogen werden. Hierzu bewegt man die Spitze des Stiftes auf die Stelle, an der die Leitung beginnen soll. Durch Anklicken wird der Leitungsanfang festgelegt. Um ein Leitungsstück fertigzustellen, muß die linke Maustaste einmal gedrückt werden. Danach kann gleich das nächste Stück gezeichnet werden. Dadurch kann eine Leitung um 90° abgewinkelt werden. Das Zeichnen einer Leitung wird durch Doppelklicken der linken Maustaste beendet, durch Doppelklick mit der rechten Maustaste ("letzten Befehl wiederholen") kann weitergezeichnet werden. Auf diese Weise können alle Leitungen zwischen den Bauteilen nacheinander gezeichnet werden.

4. Umbenennen der Bauteile

Die Bauteile werden automatisch von Schematics in aufsteigender Reihenfolge (also R1, R2 usw.) bezeichnet. Diese Bezeichnungen können geändert werden, indem man die Bezeichnung doppelt anklickt. Daraufhin erscheint das Dialogfenster *Edit Reference Designator*. Hier kann die Bezeichnung im Feld *Package Reference Designator* eingegeben werden. Mit *OK* wird die Eingabe abgeschlossen. Auf diese Weise werden nacheinander die Bezeichnungen R1, R2, R3, R4 und R5 in RS1, RS2, RC1, RC2 und Ri0, C1 in CL und V1 und V2 in VB1 und VB2 sowie V3 in VEIN (*VPWL*) abgeändert. Diese Bezeichnungen können nach Anklicken an die gewünschte Stelle geschoben werden. Die Bezeichnung wird dann umrandet abgebildet. Wenn der Mauszeiger (Pfeil) auf die umrandete Bezeichnung zeigt, kann diese mit gedrückter linker Maustaste an die gewünschte Stelle verschoben werden.

5. Bauteilwerte ändern

Zum Ändern der Bauteilwerte müssen diese doppelt angeklickt werden. Daraufhin erscheint das Dialogfenster *Set Attribute Value*. Hier wird der gewünschte Wert für das Bauteil eingegeben. Durch Klicken auf die Schaltfläche *OK* wird die Eingabe abgeschlossen. Folgende Werte müssen für die Bauteile der Differenzverstärker-Schaltung eingegeben werden:

Bauteil	Eingabe im Eingabefeld
RC1	10kOhm
RC2	10kOhm
RS1	1kOhm

Bauteil	Eingabe im Eingabefeld
RS2	1kOhm
Ri0	20kOhm
CL	10pF

Um die Werte der Spannungsquellen einzugeben, müssen die Symbole doppelt angeklickt werden. Es erscheint ein Dialogfenster, in dem alle Eigenschaften (Attribute) für die entsprechende Spannungsquelle geändert werden können. Das Attribut, das eingegeben werden soll, muß angeklickt werden. In der Eingabezeile bei *Value* wird der gewünschte Wert eingegeben und durch Drücken der Return-Taste übernommen. Das Dialogfenster wird durch *OK* geschlossen.

Bei den drei Spannungsquellen müssen folgende Attribute eingegeben werden:

Spannungsquelle VB1 (*VRSC*): Bei *DC* "12V" eingeben.

Spannungsquelle VB2 (*VRSC*): Bei *DC* "-12V" eingeben.

Spannungsquelle VEIN (*VPWL*):

AC	1V
t1	0
V1	0
t2	1NS
V2	0.1V
t3	500NS
V3	0.1V
t4	501NS
V4	0V

6. Texte eingeben

Durch Anklicken des Hauptmenüpunktes *Draw* und dessen Untermenüpunkt *Text* (oder durch die Tastenkombination Strg+T) erscheint das Dialogfenster *Place Text* auf dem Bildschirm. Hier wird in der Eingabezeile *Text* der gewünschte Text eingegeben. Nach Beenden der Eingabe (Klicken auf die Schaltfläche *OK*) muß der Text an der gewünschten Stelle plaziert werden. Hierzu wird der Rahmen, der anstelle des Mauszeigers erscheint, an die Stelle, an der der Text stehen soll, bewegt und die linke Maustaste doppelt angeklickt. Auf diese Weise werden folgende Texte neben den Spannungsquellen eingefügt:

VB1	12V
VB2	-12V
VEIN	1V

Die Größe der Schrift (im Dialogfenster unter *Text Size* änderbar) kann bei 100 % belassen werden, da dies der Größe der Beschriftungen entspricht.

7. Vergabe von Labels für die Leitungen

Den einzelnen Leitungen werden Bezeichnungen (labels) zugeordnet. In diesem Beispiel sind dies Zahlen in aufsteigender Reihenfolge, beginnend mit "0". Das Label "0" ist bereits der Leitung, an der der Massepunkt AGND angeschlossen ist, zugeordnet. Um die anderen Labels zu vergeben, werden die einzelnen Leitungen doppelt angeklickt. Es erscheint das Dialogfenster *Set Attribute Value*. In der Eingabezeile *Label* ist die Bezeichnung (in diesem Beispiel "1" bis "9") einzugeben. Die Eingabe wird durch *OK* abgeschlossen.

8. Wahl der Analysearten

Anklicken des Hauptmenüpunktes *Analysis* und dessen Untermenüpunkt *Setup*. Das Dialogfenster *Analysis Setup* wird geöffnet. Hier
werden die gewünschten Analysearten aktiviert. Dies geschieht durch
Anklicken des Kästchens vor der jeweiligen Analyseart. Eine aktivierte Analyseart ist durch ein Kreuz im Kästchen gekennzeichnet.
Für das Beispiel des Differenzverstärkers ist *DC Sweep*, *AC Sweep*
und *Transient* zu aktivieren. Für diese Analysearten sind folgende
Einstellungen vorzunehmen:

Analyseart *DC Sweep* (Gleichstromanalyse)

> Durch Anklicken von *DC Sweep* erscheint das Dialogfen-
> ster *DC Sweep*.
> Als *Swept Var. Type* wird die Option *Voltage Source* durch
> Anklicken ausgewählt.
> Bei *Sweep Type* wird die Option *Linear* angeklickt.
> Die beiden ausgewählten Optionen werden durch einen
> schwarzen Punkt im Kreis markiert.
>
> Bei *Name* muß "VEIN", bei *Start Value* "-0.1V", bei *End
> Value* "0.1V" und bei *Increment* "0.0001V" eingegeben
> werden. Die Eingabe wird durch Anklicken der Schaltfläche
> *OK* abgeschlossen.

Analyseart *AC Sweep* (Wechselstrom-Kleinsignalanalyse)

> Durch Anklicken von *AC Sweep* erscheint das Dialogfen-
> ster *AC Sweep and Noise Analysis*.
> Bei *AC Sweep Type* wird *Decade* durch Anklicken ausge-
> wählt. Die ausgewählte Option *Decade* wird durch einen
> schwarzen Punkt im Kreis markiert.

Danach sind noch die Parameter für die Wechselstrom-Kleinsignalanalyse bei *Sweep Parameters* einzugeben:

Pts/Decade: 1000
Start Freq.:   1KHz
End Freq.:   1GHz

Die Eingabe wird durch Anklicken der Schaltfläche *OK* abgeschlossen.

Analyseart *Transient* (Zeitanalyse)

Durch Anklicken von *Transient* erscheint das Dialogfenster *Transient.*
Bei *Transient Analysis* müssen folgende Parameter eingegeben werden:

Print Step: 1ns
Final Time: 3000ns

Die Eingabe wird durch Anklicken der Schaltfläche *OK* abgeschlossen.

Das Dialogfenster *Analysis Setup* wird durch Anklicken der Schaltfläche *Close* geschlossen.

9. Speichern der Schaltung

Durch Wahl des Hauptmenüpunktes *File* und dessen Untermenüpunkt *Save* wird die Schaltung gespeichert. Hierzu im Dialogfenster *Save as* bei *Dateiname:* "difverst.sch" eingeben und die Schaltfläche *OK* anklicken.

10. Starten der Simulation

Durch Anklicken des Hauptmenüpunktes *Analysis* und dessen Untermenüpunkt *Simulate* (oder durch Drücken der Taste F11) wird die Simulation gestartet.

Falls im Dialogfenster *Probe Setup* (Hauptmenüpunkt *Analysis*, Untermenüpunkt *Probe Setup*) die Option *Automatically Run Probe After Simulation* gewählt wurde, wird das Programm Probe automatisch nach der Simulation gestartet und die Datei DIFVERST.DAT mit den Simulationsergebnissen geladen.

Die verschiedenen Dateien, die von PSpice bei der Simulation erzeugt werden, sehen bei der Differenzverstärker-Schaltung folgendermaßen aus:

Datei DIFVERST.CIR (Eingabedatensatz)

```
* D:\MSIMEV\BUCH\DIFVERST.SCH

* Schematics Version 6.2 - April 1995
* Sun Nov 26 22:00:38 1995

** Analysis setup **
.ac DEC 1000 1KHZ 1GHZ
.DC LIN V_VEIN -0.1V 0.1V 0.0001V
.tran 1ns 3000ns
.OP

* From [SCHEMATICS NETLIST] section of
  msim.ini:
.lib nom.lib

.INC "DIFVERST.net"
.INC "DIFVERST.als"
```

```
.probe

.END
```

Datei DIFVERST.NET (Netzliste)

```
* Schematics Netlist *

R_RS1      1 2 1k
R_RC1      4 8 10kOhm
R_RC2      5 8 10kOhm
R_RS2      0 3 1kOhm
R_Ri0      7 8 20kOhm
C_CL       0 5 10pF
Q_Q1       4 2 6 Q2N3904
Q_Q2       5 3 6 Q2N3904
Q_Q3       6 7 9 Q2N3904
Q_Q4       7 7 9 Q2N3904
V_VB1      8 0 DC 12V
V_VB2      9 0 DC -12V
V_VEIN     1 0  AC 1V
+PWL 0NS 0V 1NS 0.1V 500NS 0.1V 501NS 0V
```

Datei DIFVERST.ALS (Alias-Namen)

```
* Schematics Aliases *

.ALIASES
R_RS1       RS1(1=1  2=2 )
R_RC1       RC1(1=4  2=8 )
R_RC2       RC2(1=5  2=8 )
R_RS2       RS2(1=0  2=3 )
R_Ri0       Ri0(1=7  2=8 )
C_CL        CL(1=0  2=5 )
Q_Q1        Q1(c=4  b=2  e=6 )
Q_Q2        Q2(c=5  b=3  e=6 )
```

```
Q_Q3          Q3(c=6  b=7  e=9  )
Q_Q4          Q4(c=7  b=7  e=9  )
V_VB1         VB1(+=8  -=0  )
V_VB2         VB2(+=9  -=0  )
V_VEIN        VEIN(+=1  -=0  )
_      _(2=2)
_      _(1=1)
_      _(8=8)
_      _(4=4)
_      _(5=5)
_      _(3=3)
_      _(7=7)
_      _(6=6)
_      _(9=9)
.ENDALIASES
```

Vorgehensweise für Abbildung 5.3-10:

(1) Im Windows Programm-Manager das Icon Probe doppelklicken, um das Programm Probe zu starten.

(2) *File - Open*

DIFVERST.DAT wählen bzw. eingeben und Schaltfläche *OK* anklicken.

(3) Im Dialogfenster *Analysis Type DC* anklicken.

(4) *Trace - Add* (Einfg-Taste)

Im Dialogfenster *Add Traces* "V(4) V(5)" eingeben und Schaltfläche *OK* anklicken.

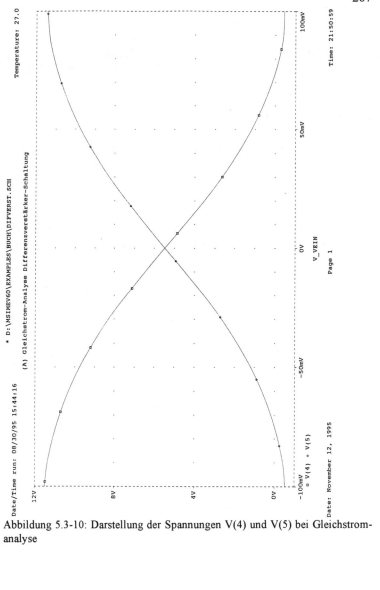

Abbildung 5.3-10: Darstellung der Spannungen V(4) und V(5) bei Gleichstrom-analyse

(5) *Plot - Y Axis Settings*

Im Dialogfenster *Y Axis Settings* die Option *User Defined* bei *Data Range* anklicken und "-1V" bis "12V" eingeben. Danach Schaltfläche *OK* anklicken.

(6) *Edit - Modify Title*

Im Dialogfenster *Modify Window Title* den gewünschten Titel für die Grafik eingeben und Schaltfläche *OK* anklicken.

(7) *Tools - Options*

Im Dialogfenster *Probe Options* bei *Use Symbols* den Befehl *Always* anklicken (Punkt im Kreis davor) und Schaltfläche *OK* anklicken.

(8) *File - Print* oder Tastenkombination Strg+Shift+F12

Wenn nötig, im Dialogfenster *Print* den Drucker durch Anklikken der Schaltfläche *Printer Select* auswählen, andernfalls wird der in Windows eingestellte Drucker verwendet.
Schaltfläche *Page Setup* und im Dialogfenster *Page Setup* das Kästchen *Draw Border* anklicken. Es darf kein Kreuz mehr enthalten. Danach Schaltfläche *OK* einmal im Dialogfenster *Page Setup* und einmal im Dialogfenster *Print* anklicken, um die Grafik auf dem Drucker oder Plotter auszugeben.

Vorgehensweise für Abbildung 5.3-11:

(1) Im Windows Programm-Manager das Icon Probe doppelklicken, um das Programm Probe zu starten.

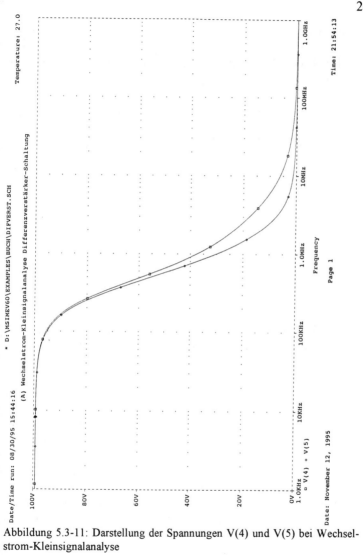

* D:\MSIMEV60\EXAMPLES\BUCH\DIFVERST.SCH

(A) Wechselstrom-Kleinsignalanalyse Differenzverstärker-Schaltung

Date/Time run: 08/30/95 15:44:16   Temperature: 27.0

Date: November 12, 1995   Time: 21:54:13

Abbildung 5.3-11: Darstellung der Spannungen V(4) und V(5) bei Wechselstrom-Kleinsignalanalyse

(2) *File - Open*

DIFVERST.DAT wählen bzw. eingeben und Schaltfläche *OK* anklicken.

(3) Im Dialogfenster *Analysis Type AC* anklicken.

(4) *Trace - Add* (Einfg-Taste)

Im Dialogfenster *Add Traces* "V(4) V(5)" eingeben und Schaltfläche *OK* anklicken.

(5) *Edit - Modify Title*

Im Dialogfenster *Modify Window Title* den gewünschten Titel für die Grafik eingeben und Schaltfläche *OK* anklicken.

(6) *Tools - Options*

Im Dialogfenster *Probe Options* bei *Use Symbols* den Befehl *Always* anklicken (Punkt im Kreis davor) und Schaltfläche *OK* anklicken.

(7) *File - Print* oder Tastenkombination Strg+Shift+F12

Wenn nötig, im Dialogfenster *Print* den Drucker durch Anklicken der Schaltfläche *Printer Select* auswählen, andernfalls wird der in Windows eingestellte Drucker verwendet.
Schaltfläche *Page Setup* und im Dialogfenster *Page Setup* das Kästchen *Draw Border* anklicken. Es darf kein Kreuz mehr enthalten. Danach Schaltfläche *OK* einmal im Dialogfenster *Page Setup* und einmal im Dialogfenster *Print* anklicken, um die Grafik auf dem Drucker oder Plotter auszugeben.

Vorgehensweise für Abbildung 5.3-12:

(1) Im Windows Programm-Manager das Icon Probe doppelklicken, um das Programm Probe zu starten.

(2) *File - Open*

DIFVERST.DAT wählen bzw. eingeben und Schaltfläche *OK* anklicken.

(3) Im Dialogfenster *Analysis Type AC* anklicken.

(4) *Trace - Add* (Einfg-Taste)

Im Dialogfenster *Add Traces* "VdB(4) VdB(5)" eingeben und Schaltfläche *OK* anklicken.

(5) *Edit - Modify Title*

Im Dialogfenster *Modify Window Title* den gewünschten Titel für die Grafik eingeben und Schaltfläche *OK* anklicken.

(6) *Tools - Options*

Im Dialogfenster *Probe Options* bei *Use Symbols* den Befehl *Always* anklicken (Punkt im Kreis davor) und Schaltfläche *OK* anklicken.

(7) *File - Print* oder Tastenkombination Strg+Shift+F12

Wenn nötig, im Dialogfenster *Print* den Drucker durch Anklikken der Schaltfläche *Printer Select* auswählen, andernfalls wird der in Windows eingestellte Drucker verwendet.

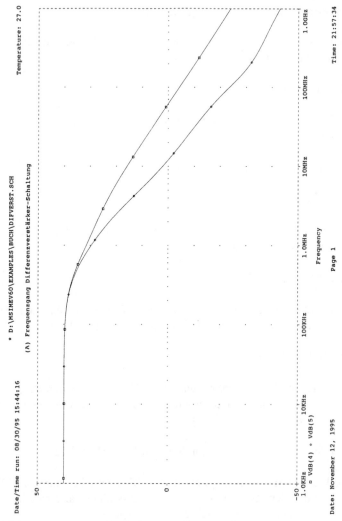

Date/Time run: 08/30/95 15:44:16

Temperature: 27.0

* D:\MSIMEV60\EXAMPLES\BUCH\DIFVERST.SCH

(A) Frequenzgang Differenzverstärker-Schaltung

□ VdB(4) ◇ VdB(5)

Frequency

Time: 21:57:34

Page 1

Date: November 12, 1995

Abbildung 5.3-12: Logarithmische Darstellung des Frequenzganges

Schaltfläche *Page Setup* und im Dialogfenster *Page Setup* das Kästchen *Draw Border* anklicken. Es darf kein Kreuz mehr enthalten. Danach Schaltfläche *OK* einmal im Dialogfenster *Page Setup* und einmal im Dialogfenster *Print* anklicken, um die Grafik auf dem Drucker oder Plotter auszugeben.

Vorgehensweise für Abbildung 5.3-13:

(1) Im Windows Programm-Manager das Icon Probe doppelklicken, um das Programm Probe zu starten.

(2) *File - Open*

DIFVERST.DAT wählen bzw. eingeben und Schaltfläche *OK* anklicken.

(3) Im Dialogfenster *Analysis Type Transient* anklicken.

(4) *Trace - Add* (Einfg-Taste)

Im Dialogfenster *Add Traces* "V(2) V(3)" eingeben und Schaltfläche *OK* anklicken.

(5) *Plot - Y Axis Settings*

Im Dialogfenster *Y Axis Settings* die Option *User Defined* bei *Data Range* anklicken und "-20mV" bis "100mV" eingeben. Danach Schaltfläche *OK* anklicken.

(6) *Plot - Add Plot*

Es wird ein weiterer Plot hinzugefügt.

274

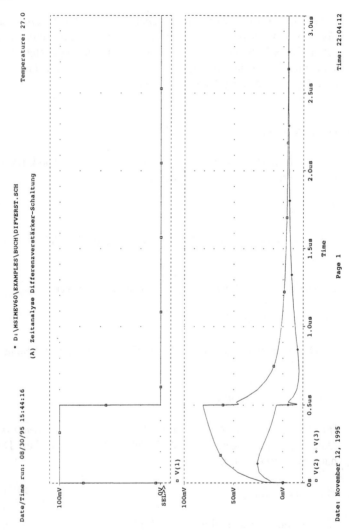

Abbildung 5.3-13: Zeitverhalten einiger Spannungen

(7) *Trace - Add* (Einfg-Taste)

Im Dialogfenster *Add Traces* "V(1)" eingeben und Schaltfläche *OK* anklicken.

(8) *Plot - Y Axis Settings*

Im Dialogfenster *Y Axis Settings* die Option *User Defined* bei *Data Range* anklicken und "-10mV" bis "110mV" eingeben. Danach Schaltfläche *OK* anklicken.

(9) *Edit - Modify Title*

Im Dialogfenster *Modify Window Title* den gewünschten Titel für die Grafik eingeben und Schaltfläche *OK* anklicken.

(10) *Tools - Options*

Im Dialogfenster *Probe Options* bei *Use Symbols* den Befehl *Always* anklicken (Punkt im Kreis davor) und Schaltfläche *OK* anklicken.

(11) *File - Print* oder Tastenkombination Strg+Shift+F12

Wenn nötig, im Dialogfenster *Print* den Drucker durch Anklicken der Schaltfläche *Printer Select* auswählen, andernfalls wird der in Windows eingestellte Drucker verwendet.
Schaltfläche *Page Setup* und im Dialogfenster *Page Setup* das Kästchen *Draw Border* anklicken. Es darf kein Kreuz mehr enthalten. Danach Schaltfläche *OK* einmal im Dialogfenster *Page Setup* und einmal im Dialogfenster *Print* anklicken, um die Grafik auf dem Drucker oder Plotter auszugeben.

Vorgehensweise für Abbildung 5.3-14:

(1) Im Windows Programm-Manager das Icon Probe doppelklicken, um das Programm Probe zu starten.

(2) *File - Open*

DIFVERST.DAT wählen bzw. eingeben und Schaltfläche *OK* anklicken.

(3) Im Dialogfenster *Analysis Type Transient* anklicken.

(4) *Trace - Add* (Einfg-Taste)

Im Dialogfenster *Add Traces* "V(1)" eingeben und *OK* anklicken.

(5) *Plot - X Axis Settings*

Im Dialogfenster *X Axis Settings* bei *Processing Options Fourier* anklicken. Das Kästchen muß danach ein Kreuz enthalten. Durch Anklicken der Schaltfläche *OK* wird das Dialogfenster verlassen und die FFT durchgeführt.

(6) *Edit - Modify Title*

Im Dialogfenster *Modify Window Title* den gewünschten Titel für die Grafik eingeben und Schaltfläche *OK* anklicken.

(7) *Tools - Options*

Im Dialogfenster *Probe Options* bei *Use Symbols* den Befehl *Auto* anklicken (Punkt im Kreis davor) und Schaltfläche *OK* anklicken.

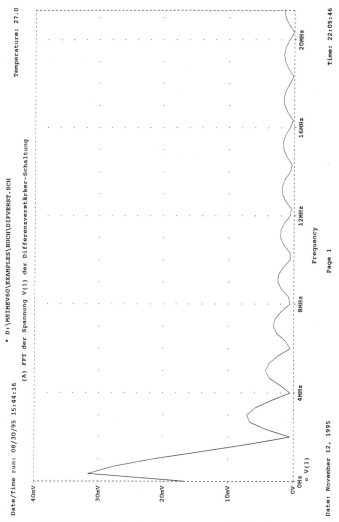

Abbildung 5.3-14: FFT (Schnelle Fouriertransformation) der Spannung V(1)

(8) *File - Print* oder Tastenkombination Strg+Shift+F12

Wenn nötig, im Dialogfenster *Print* den Drucker durch Anklikken der Schaltfläche *Printer Select* auswählen, andernfalls wird
der in Windows eingestellte Drucker verwendet.
Schaltfläche *Page Setup* und im Dialogfenster *Page Setup* das
Kästchen *Draw Border* anklicken. Es darf kein Kreuz mehr enthalten. Danach Schaltfläche *OK* einmal im Dialogfenster *Page
Setup* und einmal im Dialogfenster *Print* anklicken, um die Grafik auf dem Drucker oder Plotter auszugeben.

Vorgehensweise für Abbildung 5.3-15:

(1) Im Windows Programm-Manager das Icon Probe doppelklicken,
um das Programm Probe zu starten.

(2) *File - Open*

DIFVERST.DAT wählen bzw. eingeben und Schaltfläche *OK*
anklicken.

(3) Im Dialogfenster *Analysis Type AC* anklicken.

(4) *Trace - Add* (Einfg-Taste)

Im Dialogfenster *Add Traces* "VdB(4)" eingeben und Schaltfläche *OK* anklicken.

(5) *Plot - Y Axis Settings*

Im Dialogfenster *Y Axis Settings* die Option *User Defined* be
Data Range anklicken und "-25" bis "41" eingeben. Danach
Schaltfläche *OK* anklicken.

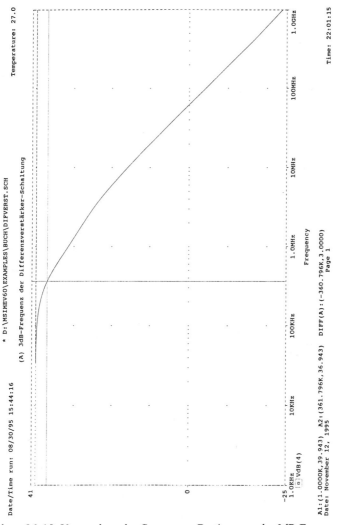

Date/Time run: 08/30/95 15:44:16

* D:\MSIMEV60\EXAMPLES\BUCH\DIFVERST.SCH

Temperature: 27.0

(A) 3dB-Frequenz der Differenzverstärker-Schaltung

A1:(1.0000K,39.943) A2:(361.796K,36.943) DIFF(A):(-360.796K,3.0000)
Date: November 12, 1995   Page 1

Time: 22:01:15

Abbildung 5.3-15: Verwendung des Cursors zur Bestimmung der 3dB-Frequenz

(6) *Tools - Cursor - Display*

Die beiden Cursor werden eingeblendet.

(7) Cursor A2 muß durch Anklicken des Kurvensymbols am unteren Rand des Plots mit der rechten Maustaste aktiviert werden.

(8) *Tools - Cursor - Search Commands*

Im Dialogfenster *Search Command* "sf le (max-3)" eingeben und Schaltfläche *OK* anklicken. Der Cursor A2 springt dann zur 3dB-Frequenz.

(9) *Edit - Modify Title*

Im Dialogfenster *Modify Window Title* den gewünschten Titel für die Grafik eingeben und Schaltfläche *OK* anklicken.

(10) *Tools - Options*

Im Dialogfenster *Probe Options* bei *Use Symbols* den Befehl *Auto* anklicken (Punkt im Kreis davor) und Schaltfläche *OK* anklicken.

(11) *File - Print* oder Tastenkombination Strg+Shift+F12

Wenn nötig, im Dialogfenster *Print* den Drucker durch Anklicken der Schaltfläche *Printer Select* auswählen, andernfalls wird der in Windows eingestellte Drucker verwendet.
Schaltfläche *Page Setup* und im Dialogfenster *Page Setup* das Kästchen *Draw Border* anklicken. Es darf kein Kreuz mehr enthalten. Danach Schaltfläche *OK* einmal im Dialogfenster *Page Setup* und einmal im Dialogfenster *Print* anklicken, um die Grafik auf dem Drucker oder Plotter auszugeben.

6 Eigene Bauteilbibliotheken

6.1 Erstellen und Ändern einer eigenen Bauteil-bibliothek

MicroSim PSpice wird standardmäßig mit amerikanischen Bauteil-symbolen geliefert. Im folgenden wird eine neue Bauteilbibliothek (library) erstellt, die Widerstand, Kondensator, Spule und Massepunkt in DIN-Darstellung enthält. Dies ist mit geringfügigen Änderungen einer bestehenden Bibliothek möglich. Zusätzlich wird ein Pfeil als Zeichensymbol erstellt.

(1) Zunächst wird das Programm Schematics gestartet. Hierzu das Schematics-Icon in der Programmgruppe MicroSim Eval 6.2 im Windows-Programm-Manager doppelklicken.

(2) Im *File*-Menü den Untermenüpunkt *Edit Library* anklicken, um in den Library-Editor zu gelangen.

(3) Im *File*-Menü den Untermenüpunkt *Save As* anklicken, im Eingabefeld *Dateiname* des Dialogfensters *Save As* "<Laufwerk>:\ <Schematics-Verzeichnis>\lib\symb_gr.slb" eingeben und Schaltfläche *OK* anklicken. Daraufhin erscheint das Dialogfenster *Configure* mit der Frage, ob diese Bauteilbibliothek in die Liste der in Schematics konfigurierten Bibliotheken aufgenommen werden soll. Hier ist die Schaltfläche *Ja* anzuklicken. Dadurch wird die neue Library automatisch an oberster Stelle in Schematics eingebunden (dies ist sehr wichtig, da die Bauteile, die als Vorlage verwendet werden und in der ursprünglichen Bibliothek ebenfalls enthalten sind, von Schematics inaktiv gesetzt werden).

(4) Zunächst soll das Symbol eines Spannungspfeiles in die Bauteilbibliothek eingefügt werden. Hierzu muß ein neues Bauteil mit
dem Untermenüpunkt *New* im *Part*-Menü definiert werden.
Durch Anklicken des Untermenüpunktes *New* erscheint das Dialogfenster *Definition*. Hier wird im Eingabefeld *Description*
"Pfeil" und im Eingabefeld *Part Name* "ARROW" eingegeben.
Im Feld *Type* wird *component* gewählt und anschließend die
Schaltfläche *OK* angeklickt. Als nächstes wird der Untermenüpunkt *Attributes* im *Part*-Menü angeklickt, es erscheint das
gleichnamige Dialogfenster. Es müssen nun alle Attribute im Listenfeld rechts im Dialogfenster angeklickt und durch Anklicken
der Schaltfläche *Del Attr* hintereinander gelöscht werden. Folgende Attribute sind zu löschen:

REFDES = U?
PART =
MODEL =
TEMPLATE =

Nach dem Löschen der Attribute wird das Dialogfenster durch
Anklicken der Schaltfläche *OK* geschlossen. Durch Anklicken
des Untermenüpunktes *Bbox* im *Graphics*-Menü erscheint ein
Stift. Es wird nun eine neue Bauteil-Box, in der das Bauteil gezeichnet wird, definiert. Hierzu eine Ecke anklicken und die Box
mit dem Mauszeiger aufziehen. Die Höhe sollte ungefähr das
drei- bis vierfache der Breite betragen. Wenn die Box die gewünschte Größe hat, nochmals die linke Maustaste klicken. Der
Pfeil wird mit Hilfe des Untermenüpunktes *Line* im *Graphics*-
Menü gezeichnet. Um eine ausgefüllte Pfeilspitze zu erhalten,
muß das Gitter (grid) im Dialogfenster *Display Options* (Untermenüpunkt *Display Options* im *Options*-Menü) sehr fein (*Grid
Spacing* 00.01) eingestellt werden. Die Pfeilspitze wird dann aus
sehr vielen Linien zusammengesetzt. Diese sind einzeln nicht
mehr sichtbar und erscheinen beim Druck nahezu schwarz. Beim

Zeichnen der Linien können ganze Linienzüge gezeichnet werden: Anfangspunkt der Linie anklicken, Linie ziehen und Endpunkt anklicken. Der Endpunkt einer Linie ist dann der Anfangspunkt der neuen. Zum Beenden des Linienzuges muß die rechte Maustaste gedrückt werden. Zum Zeichnen kann im *View*-Menü die Darstellung vergrößert werden, damit die Bearbeitung leichter erfolgen kann. Die Handhabung des *View*-Menüs ist identisch wie in Schematics und Probe. Ist der Pfeil fertig gezeichnet, wird das neue Bauteil mit dem Untermenüpunkt *Save* im *File*-Menü gespeichert.

(5) Im *File*-Menü den Untermenüpunkt *Open* anklicken. Im Dialogfenster *Datei öffnen* die Bauteilbibliothek *analog.slb* wählen und die Schaltfläche *OK* anklicken.

(6) Im *Part*-Menü den Untermenüpunkt *Get* anklicken. Im Dialogfenster *C* für den Kondensator doppelt anklicken.

(7) Im *Part*-Menü den Untermenüpunkt *Save to library* anklicken. Im Dialogfenster *Datei öffnen* die Datei *symb_gr.slb* wählen und die Schaltfläche *OK* anklicken.

(8) Die Schritte (6) bis (7) für den Widerstand *R* und die Spule *L* der Bibliothek *analog.slb* wiederholen.

(9) Die Schritte (5) bis (7) für das Bauteil *AGND* aus der Bibliothek *port.slb* wiederholen. Dadurch sind die vier Bauteile in der Bibliothek *symb_gr.slb* gespeichert und können der DIN-Darstellung angepaßt werden.

(10) Im *File*-Menü den Untermenüpunkt *Open* anklicken und im Dialogfenster *Datei öffnen* die Bibliothek *symb_gr.slb* wählen. Danach die Schaltfläche *OK* anklicken.

(11) Die einzelnen Bauteile werden nun nacheinander im *Part*-Menü mit dem Untermenüpunkt *Get* ausgewählt, um die Symbole mit dem *Graphics*-Menü zu bearbeiten. Hierzu im Dialogfenster *Get* das Bauteil wählen und die Schaltfläche *Edit* anklicken oder das Bauteil doppelklicken. Bei den Untermenüpunkten *Attributes* und *Pin List* im *Part*-Menü wird bei diesen, aus anderen Bibliotheken übernommenen Bauteilen nichts geändert.

Um die Änderungen abzurunden, sollte im *Part*-Menü beim Untermenüpunkt *Definition* in der Eingabezeile *Description* die deutsche Bezeichnung des Bauteils eingegeben werden:

R	"Widerstand" anstelle von resistor
L	"Spule" anstelle von inductor
C	"Kondensator" anstelle von capacitor

Die Bauteile müssen nacheinander mit dem Untermenüpunkt *Get* im *Part*-Menü geladen werden. Durch Anklicken des Untermenüpunktes *Definition* im *Part*-Menü erscheint das Dialogfenster *Definition*. Nachdem in der Eingabezeile *Description* die Bezeichnung des Bauteils entsprechend geändert wurde, kann die Schaltfläche *OK* angeklickt werden. Die Änderungen werden jeweils durch Anklicken des Untermenüpunktes *Save* im *File*-Menü gespeichert. Als nächstes werden die Zeichensymbole der Bauteile *R*, *C* und *AGND* geändert. Das Symbol des Bauteils *L* bleibt unverändert. Hierzu wieder nacheinander die Bauteile mit dem Untermenüpunkt *Get* laden, wie bei Punkt (6) bereits beschrieben.

Im *View*-Menü kann dabei die Darstellung vergrößert werden, damit die Bearbeitung leichter erfolgen kann. Durch Anklicken des Untermenüpunktes *Entire Symbol* wird dabei das Bauteil auf eine brauchbare Größe (bildschirmfüllend) gebracht.

Zum Bearbeiten sollte im Dialogfenster *Display Option* (Untermenüpunkt *Display Option* im *Options*-Menü) das Gitter (*Grid Spacing*) auf 00.01 gesetzt werden. Dialogfenster durch Anklicken der Schaltfäche *OK* schließen. Nach Änderung der Bauteile sollte das *Grid Spacing* wieder auf 00.10 gesetzt werden.

Bauteiländerungen am Kondensator C

Nacheinander die beiden Kondensatorflächen anklicken (markierte Teile erhalten die Farbe rot) und mit der Entf-Taste löschen. Danach mit dem Untermenüpunkt *Line* im *Graphics*-Menü breitere Kondensatorflächen einzeichnen. Hierzu erscheint ein Stift als Mauszeiger. Anfangspunkt der Linie anklicken, Linie ziehen und am Endpunkt doppelklicken. Mit *Save* im *File*-Menü die Änderungen am Bauteil speichern.

Bauteiländerungen am Widerstand R

Nacheinander die einzelnen Elemente der Zickzacklinie anklicken oder Kasten um die Zickzacklinie mit gedrückt gehaltener linker Maustaste ziehen und mit der Entf-Taste löschen. Danach mit dem Untermenüpunkt *Box* im *Graphics*-Menü das Rechteck für den Widerstand zeichnen. Hierzu erscheint ein Stift als Mauszeiger. Eckpunkt des Rechteckes anklicken, Rechteck ziehhen und, wenn es die gewünschte Größe hat, nochmals anklicken. Mit *Save* im *File*-Menü die Änderungen speichern.

Bauteiländerungen am Massepunkt-Symbol AGND

Die beiden unteren Linien des Dreiecks nacheinander anklicken und mit der Entf-Taste löschen. Mit *Save* im *File*-Menü die Änderungen am Bauteil speichern.

(12) Durch Anklicken des Untermenüpunktes *Close* im *File*-Menü gelangt man ins Programm Schematics zurück. Die Bauteile sind dort sofort verfügbar.

6.2 Einbinden einer bestehenden Bauteilbibliothek in Schematics

Eine bereits bestehende Bauteilbibliothek, beispielsweise von einem anderen Rechner, kann in Schematics sehr einfach übernommen werden. Dazu muß die Bauteilbibliothek lediglich kopiert und korrekt eingebunden werden.

Die Bauteilbibliothek ist in das Unterverzeichnis zu kopieren, in dem bereits die anderen Bauteilbibliotheken abgelegt sind (beispielsweise als C:\MSIMEV\LIB\<Bibliotheksname>.LIB oder C:\MSIMEV\LIB\ <Bibliotheksname>.SLB).

Das Einbinden erfolgt durch Anklicken des Untermenüpunktes *Editor Configuration* im *Options*-Menü, dort erscheint das gleichnamige Dialogfenster. Nach Anklicken der Schaltfläche *Library Settings* erscheint das Dialogfenster *Library Settings*.

Im Listenfeld mit den bereits verwendeten Bauteilbibliotheken (librarys) muß der oberste Eintrag angeklickt werden. Dieser Eintrag wird dann invers dargestellt und die neue Bibliothek vor der so markierten eingefügt. Dies ist wichtig, da Schematics mit der Suche nach Bauteilen die Liste der Bibliotheken immer von oben nach unten durchsucht. Gleiche Bauteile in weiter unten stehenden Bibliotheken werden dann ignoriert.

Durch Anklicken der Schaltfläche *Browse* erscheint das Dialogfenster *Datei öffnen*. Den Dateinamen der Bibliothek, die eingebunden werden soll, mit dem gesamten Pfadnamen eingeben (beispielsweise als C:\MSIMEV\LIB\<Bibliotheksname>.LIB oder C:\MSIMEV\LIB\ <Bibliotheksname>.LIB), oder wie in Kap. 5.2.2.1 bei *Open* beschrieben, auswählen. Durch Anklicken von *OK* wird die Datei in die Eingabezeile *Library Name* im Dialogfenster *Library Settings* übernommen. Danach die Schaltfläche *Add** anklicken, die Bibliothek wird nun für alle Schaltungen global eingebunden. Im Dialogfenster *Library Settings* und anschließend auch im Dialogfenster *Editor Configuration* die Schaltfläche *OK* anklicken.

Literaturhinweise

MicroSim PSpice Manuals, Version 6.2; MicroSim Corporation, Kalifornien, 1995; Hoschar Systemelektronik GmbH, Karlsruhe

Antognetti, P. / Massobrio, G.: Semiconductor Device Modelling with SPICE; McGraw Hill

Duyan, H. / Hahnloser, G. / Traeger, D.: PSpice - Eine Einführung, B.G. Teubner, 1992

Duyan, H. / Hahnloser, G. / Traeger, D.: Design Center - PSpice für Windows, B.G. Teubner, 1994

Hodges, D. A. / Jackson, H. G.: Analysis and Design of Digital Integrated Circuits

Höfer, E. E. E. / Nielinger, H.: SPICE; Springer-Verlag

Khakzar, H. / Mayer, A. / Oetinger, R.: Entwurf und Simulation von Halbleiterschaltungen mit SPICE; Expert-Verlag

Kleinöder, R.: Einführung in die Netzwerkanalyse mit SPICE; Verlag B.G. Teubner

Kühnel, C.: Schaltungsdesign mit PSpice unter Windows, Franzis-Verlag

Kühnel, C.: Schaltungssimulation mit PSPICE, Franzis-Verlag

Meaves, L. / Hymowitz: Simulation with SPICE; Intusoft

Müller, K. H.: Elektronische Schaltungen und Systeme simulieren, analysieren, optimieren mit SPICE, Vogel Verlag

Santen, M.: Das PSpice Design Center 6.1 Arbeitsbuch, Fächer Verlag

Tuinenga, P. W.: SPICE, A Guide to Circuit Simulation and Analysis Using PSpice; Prentice Hall

Stichwortverzeichnis

294

Gutschein abtrennen und im Fensterkuvert an Fa. HOSCHAR Systemelektronik GmbH senden oder
per Fax an: 01 80 / 5 30 35 09.

✂ —

Bitte senden Sie mir kostenlos die neueste PC-Testversion des Programmpaketes
MicroSim PSpice.

Format: ☐ 3½"-Disketten   ☐ EDA CD-ROM

Absender (bitte völlständig ausfüllen)

Name: _____

in Firma: _____

Abteilung: _____

Straße: _____

PLZ/Ort: _____

Telefon: _____

Telefax: _____

HOSCHAR Systemelektronik GmbH
Herr Dipl.-Ing. Martin Santen
Postfach 2928

76016 Karlsruhe